你所羡慕的成功 都是 有备而来

王国军◎著

哈尔滨出版社
H.P.H
HARBIN PUBLISHING HOUSE

图书在版编目（CIP）数据

你所羡慕的成功都是有备而来 / 王国军著. — 哈尔滨：哈尔滨出版社，2017.7
ISBN 978-7-5484-3461-0

Ⅰ.①你… Ⅱ.①王… Ⅲ.①成功心理 – 通俗读物
Ⅳ.① B848.4–49

中国版本图书馆 CIP 数据核字（2017）第 128143 号

书　　名：你所羡慕的成功都是有备而来
作　　者：王国军　著
责任编辑：马丽颖　任　环
责任审校：李　战
封面设计：回归线视觉传达

出版发行：哈尔滨出版社（Harbin Publishing House）
社　　址：哈尔滨市松北区世坤路 738 号 9 号楼　　邮编：150028
经　　销：全国新华书店
印　　刷：北京嘉业印刷厂
网　　址：www.hrbcbs.com　　www.mifengniao.com
E – mail：hrbcbs@yeah.net
编辑版权热线：（0451）87900271　87900272
销售热线：（0451）87900202　87900203
邮购热线：4006900345　（0451）87900345　87900256

开　　本：880mm×1230mm　　1/32　印张：9　字数：160 千字
版　　次：2017 年 7 月第 1 版
印　　次：2017 年 7 月第 1 次印刷
书　　号：ISBN 978-7-5484-3461-0
定　　价：38.00 元

凡购本社图书发现印装错误，请与本社印制部联系调换。服务热线：（0451）87900278

代序　成功之门为时刻准备的人开启

初识王国军老师是在一个作家群里面，最初他在我眼中的形象是：一个写作能力极强的作家，一个有着强大资源号召力的出版人。

通过网上私聊和直接的接触，我对他有了更多的了解。他是《读者》《青年文摘》等刊的签约作家，是一位码字狂人，多年来笔耕不辍，2006年走上文坛的他至今在国内外各大报刊上刊文130余万字，其文章入选中考语文试卷3次、各类丛书200篇，出版《四毫米的勇气》《你的青春有几天》等多本图书。

他的文字多变，有力，真实，有意思。他让我看到一个别样的作家，不再是剑客，却是凡人。

王老师的文字让我读到了诚意、大气、文雅，他像位兄长一样为我们讲述那些关于爱情、关于亲情、关于励志的故事。他的文字让我们感悟人生，让我们体会到爱情的美好，因此，我敬佩他。

欣闻他的新书《你所羡慕的成功都是有备而来》已过了出版社的终审，马上就要出版了。我非常喜欢这本书的书名，它所表达的理念也正体现了他多年来在文学出版方面勤恳奋斗的过往。正是他的才华与勤奋，造就了他今天的成绩。

王老师邀我为本书作序，我甚为荣幸，欣然答应。这个简短粗陋的序言就当是对王老师这本书具体内容的抛砖引玉吧。

我要向所有读者重点提示的一句话就是——你所羡慕的成功都是有备而来。

最后，祝愿这本书大卖！

祝愿这本书给更多读者以力量和收获。

编剧、作家：赵国燕王

CONTENTS 目录

目 录 CONTENTS

CONTENTS 目录

目录　CONTENTS

目录　CONTENTS

CONTENTS 目录

第一章

含泪播种的人，
一定能含笑收获

每个人的心中都有两扇门

　　他出生在遵义。小时候，他最大的爱好就是看拳击片，他认为拳击就是他的梦想。

　　6岁那年，母亲带他去公园玩，他不幸从缆车上摔下来，把手摔断了。医生说康复的机会很小，这意味着他的梦想将就此夭折。在医院里，他开始闷闷不乐，甚至还拒绝配合医生的治疗。

　　为了让他从痛苦的阴影中走出来，母亲把他带回乡下。

　　他的爷爷和叔叔都是菜农，相比之下，爷爷卖的菜菜相逊色得多，但每一次爷爷都比叔叔回来得早，他感到很奇怪。

　　于是，母亲担了半担菜，带他去体验生活。

　　来到市区，正好碰见了叔叔也在卖菜，他们就待在了叔叔的旁边。叔叔的菜很整齐，很新鲜，看起来漂亮极了，来叔叔这买菜的大都是年轻人。他看着自己担中的菜，连吆喝都不敢吆喝了。虽说他的菜很干净，但顾客到了他的摊位前，翻了翻，还是唠叨质量不高。

　　到了下午，母亲和他担着原封不动的菜回来了，爷爷惊讶地问："你们为什么不说说自己的菜呢？"他说："叔叔的菜很漂亮，我们的比不上。"爷爷说："你叔叔的菜只能糊弄那些年轻人，因为他的菜是靠农药扶起来的，经常是今天打了药，明天就去卖，我们的那才叫绿色蔬菜。"

隔了会儿，爷爷就说，我带着你去卖吧。

爷爷带着他去了另一个小区，他说他从没来过这里。爷爷的旁边还坐着很多卖菜的人，那菜和叔叔的一样漂亮。

只见爷爷不慌不忙地拿出几个土鸡蛋放在前面，那土鸡蛋在明媚的阳光下，泛着金黄的光。见顾客远远地走来，爷爷笑脸相迎，还不时交流一些做菜的经验，遇到有疑问的顾客，爷爷就拿起蔬菜解释："看起来有些小孔，但没打过农药，这个时季，不打药就喂饱了虫子啊。不过，这样的菜，吃起来放心。"一席话把顾客说得连连点头。还没半晌工夫，爷爷的菜就卖出一半了。

等再有顾客仔细翻的时候，爷爷却没解释。回家时，爷爷告诉他，大家都认可了，就没有必要再费唇舌了。

爷爷拉着他的手说："其实卖菜和做人是同样的道理，你越是被动，越是隐藏自己，就越得不到别人的认可。与其这样，还不如干脆把自己的心坦露出去，把微笑拿出来，再加以恒心，也许就能成功啊。"

他恍然大悟，从此积极配合医生的治疗，不到半年时间，他的伤便痊愈了。

1997 年，他加入贵州拳击队。2000 年，成为国手。进入国家队后，他拿过 48 公斤级的 20 个全国冠军，是国内在该级别上最有实力的选手。

他就是开创"海盗式"拳击的邹市明。

谈及往事，他总是说：每个人的心中都有两扇门，一扇是信心，一扇是恒心。很多自信的人都因为各种各样的原因变得优柔寡断，久而久之便畏缩不前。与其落个碌碌无为的下场，还不如大胆打开自己的另一扇门，把恒心拿出来，坚持不懈地努力下去。

每个人都是一缕圣火

他本来可以拥有很幸福的童年，可是5岁那年，一个交通意外，让他的左手残废了，然而这只是噩梦的开始。他的另一只手在三个月后也出现了萎缩的现象，去了很多医院，医生都说要是在三个月前治疗还有希望，可现在也爱莫能助了。

那一刻母子俩哭成了泪人。

6岁时，他已经不能用手吃饭了。他开始感到绝望，拒绝进食，母亲不知安慰过多少次，他不听，反而一次次问："妈妈，我的手呢？我的手在哪里？"母亲难过地转过身，她不知道怎么去安慰这个受伤的孩子。

接二连三的不幸，把她推到了绝境。但此时，无助的她深深明白，当下的情况，除了自救，找不到其他办法了。

周末那天，公司加班，她请了假，带孩子去了郊外的墓园。在几个孩子的墓前，他们停了下来，她轻轻念着上面的文字，念着念着，儿子的眼睛就湿润了。

她摸着儿子的头，问："你有什么感受吗？"

　　儿子转过头看着母亲。她没理会儿子，接着问："和他们相比你觉得自己幸运吗？"

　　儿子开始不说话，接着重重地点了点头。

　　儿子恍然大悟，终于接受了现实，他开始学着用牙齿咬筷子，一次又一次失败，但他从没放弃。努力不会白费，一周后他不需要母亲喂他吃饭了。两周后他顺利通过入学考试，进了附近一所重点学校就读。他是这个学校唯一的残疾人。

　　在学校里，他选修的专业是美术。因为有母亲的期望和鼓励，他克服了自卑，异常努力。由于没有双手，很多事情他都是靠牙齿和双脚来完成的，一张简单的试卷，同学们半个小时可以完成，他却要花一个小时甚至三个小时。尽管如此，他却从没放弃。每年期末，他都能拿到奖学金，他甚至报名参加了全市的创新作文大赛。因为时间的限制，他最终没能完成写作，但他心满意足了。

　　他一直梦想自己能成为一名画家，可是这一职业连常人也颇难驾驭，何况是一个失去双手的孩子呢。他征询母亲的意见，母亲依旧支持他，看到母亲脸上信任的微笑，他自信地笑了。

　　他想跟本市最著名的画家学艺，可这个画家要求很严，母亲几次去恳求，画家都答复说，只能用自己的作品来说话。他有些沮丧，一度想到放弃。为了准备即将到来的考核，母亲请假待在家里，陪他作画。一天，两天，三天，他的牙齿都咬出血了，可还是不像个样子。母亲说："明天你什么也不用想，你的心里只想着作画。"儿子点点头。

第二天，前去面试的人很多，画家只会从中挑选三个。轮到他上去的时候，下面的人都抿着嘴笑了。想想也是，一个双手都没有的人来学画画，不让人笑掉大牙才怪。可是他没理会，那一刻他的心里只有画，他就那么静静地画着。当他把画举起来的时候，全场的人都静了下来，人们没有嘲笑，只有惊讶和佩服，片刻后掌声雷动。

2008 年 6 月 16 日，他参加了奥运圣火在重庆的传递，他的出现被认为是众望所归。

这是一个真实的故事，故事的主人公就是梁晓庆，著名的残疾人画家，他的故事被很多人传颂。现在他在重庆办了一个残疾人画班，他立志要让所有喜欢画画的残疾人都实现自己的梦想。

圣火传递之后，他受到了不少人的追捧，当听到很多和他有相似遭遇的残疾人选择了自杀时，他惊讶得说不出话来。"这简直不可思议，"他说，"命运对每个人都是公平的，在为你关上一扇门的时候，一定会想方设法为你打开另一扇门。生命不长，所以我们得奋斗，努力，努力，再努力！"

当有记者问他圣火传递的感受时，他说了一句最能代表中华儿女心声的话："在奥运面前，每个人都是一缕圣火，连起来，就能不断创造生活和生命的奇迹。"

　　是的，个体力量虽然小，如沧海一粟，但只要中华同胞团结一心，又有什么困难不能克服，不能战胜呢？！

找个证明自己的切口

　　他出生在苏州的一个贫苦家庭，父母都是老实巴交的农民。5
岁时，他随父母来到湘潭做生意。小时候的他十分顽劣，没少挨父
亲的骂，但他却屡教不改。7岁那年，他带着一群孩子去附近的一
个防空洞里探险，把一件新棉衣烧出了几个大窟窿。父亲为此大
怒，从卧室取出祖父留下来的皮鞭，命他跪在先人的遗像前，将他
一顿狠打。虽然被抽得皮开肉绽，但不过一周，他又我行我素。8
岁时，他报名参加了学校的六一演出，父亲听了很高兴，特意给儿
子买了件白衬衣。

　　出演的那一天，因为早上6点半要集合，他起得特别早。就
在准备出门的时候，父亲大喊他的名字，并快步冲出来。他有点害
怕，以为自己又闯了什么大祸。只见父亲走到他身边，将他扎进裤
子的白衬衣稍稍拉出，然后说："孩子，你是男子汉，在外面要注意
形象，好好给我演。"那一刻，他的眼睛湿润了，他感觉到了父亲
深沉而严肃的爱。回家后，他彻底变了个模样，不再调皮捣蛋，而
是静静地看书。

　　初中毕业那年，为了减少家庭支出，成绩优秀的他毅然选择

读中专。那时，他有一个梦想，就是成为著名的艺人，拥有大批粉丝。所以，中专毕业后，他选择到电视台做场务，一做就是两年，虽然每天都被人指挥来指挥去，但可以看到很多当红艺人，他也就心满意足了。有人打趣他说："听说你是电视台的'台柱子'，什么时候主持回节目给我们看看？"他尴尬地回答："哪里是什么'台柱子'，充其量就是个抬桌子的。"他依旧台前幕后地忙碌着。有一次，同学特意打长途电话告诉他，说在节目中终于看到他了，虽然只有一个特写镜头。他信心十足地说："总有那么一天，你会看到我独立舞台的风景。"

　　多年来，他始终忙碌不闲，只待有朝一日厚积薄发，终于，机遇来临。一次，一位主持人特意找到他说"从你进来的那天起，我就在关注你，你非常有潜力，只是缺少一个证明自己的切口，如果有一个机会就放在你面前，你愿意去把握吗？"

　　就这样，他开始了主持生涯，他憨厚而又幽默的主持风格赢得了观众的一致认可，他也因此声名鹊起。是的，他就是因主持《超级女声》而红遍全国，一跃成为主持界"超哥"的汪涵。2006 年，他荣登《蒙代尔》杂志发布的 2006 年度中国最具价值主持人排行榜，位居最具品牌价值电视节目主持人第五名。2007 年，他成为《新周刊》年度最佳娱乐秀主持人，个人身价也飙升至 2.4 亿。在 2008 年年度主持人满意度排行榜上，他跻身前五名。此外，他还出书、拍电影，正如他自己所说的那样，他就像个工作战士。

在回顾成功之路时，汪涵自豪地说："我能够当上主持人，很多人都认为这仅仅是运气，但我的确在这个位置上待了11年。从小父亲就告诉我，幸运，无非源自每一次对机遇的把握，所以这些年，我一直都在努力。从主持到电影到音乐，我没有一刻停下来，我做这么多，只不过是在为忙碌的生命找个证明自己的切口。"

1850 次的不放弃，成就一次成功

　　他从小就立志做演员，拍电影，当明星。23 岁那年，他在迈阿密大学开始写剧本，写了整整七年。这期间，很多听说他梦想的人，都对他嗤之以鼻，有的人甚至嘲笑他是疯子。只有母亲开导他，劝慰他，并且始终支持着他。

　　母亲经常对他说："这么美的世界，有梦想怎么能不去追逐，等你老了，生命到头了，再后悔已没有任何意义了。"就是这句话，让几度徘徊、气馁、退缩的他选择了向前，他甚至牺牲了一切休息时间，全身心投入到他的剧本创作中。

　　28 岁生日那天，他很早出门，回来的时候手里多了一张地图，那上面有好莱坞 500 家电影公司的详细地址。他根据自己的实际情况，详细地画定了拜访名单和路线。

　　准备好一切后，带着这些年省吃俭用存下的钱，他出发了，尽管他身上的这些钱，加起来还不足以买一套像样的西服。

　　他带着自己写好的剧本去拜访电影公司，他甚至没有时间去吃午餐，一家完了马上又去另一家。即使这样努力，第一遍下来，500 家公司却没有一家愿意聘用相貌平平且咬字不清的他。

面对早已预料到的结果，他没有灰心，从最后一家电影公司出来，他又走到了第一家电影公司的门口，开始了新一轮的拜访与自我推荐。

虽然，很多老总很佩服他的毅力和胆识，但两周下来，仍然没有电影公司愿意接受他——一个想当主角的平凡人。

他仍然没有放弃，在第三轮的拜访中，他脸上的表情仍是不卑不亢，他没有因为自己重复登门而感到羞愧。

他此时只有一个信念，那就是以自己的努力去敲开命运的大门，哪怕只有万分之一的机会，也决不放弃。

然而，第三轮拜访依然无果。他问母亲："我需要继续吗？我不甘心失败。"母亲肯定的回答，再次鼓舞了他。他再次从最后一家电影公司跑到了第一家，汗珠顺着额头一滴滴淌下，他也全然不顾。

终于在拜访到第350家时，老总破天荒地答应让他留下他的剧本。

几天后，他被邀请到电影公司详谈，之后，一部以他为男主人公的电影正式开拍。这部电影的名字叫《洛奇》，而这个创造奇迹的人名叫史泰龙。

2009年，在他63岁生日上，史泰龙百感交集地说："从小母亲就教导我不松手，不放弃，所以我时刻谨记，我所做的一切都是在证明给自己看，我要活得精彩。人生没有财富和别人的青睐不要紧，只要肯努力，谁都可以创造奇迹。"

一分钟，一辈子

他五岁的时候，全家搬迁到香港，他在一所书院读书。可他实在太调皮了，上学第一天，他就把同桌女生的辫子给剪掉了。院长极为恼火，罚他打扫校园一周，他却利用这个时间，到后山的树上偷桃子吃。父亲不得不亲自到书院道歉，并为他支付罚款。

然而他这样的恶作剧接连不断，父亲每周都要接到好几个投诉，当然也免不了来回奔波。但纵使如此，父亲每次来学校，脸上的表情总是不卑不亢，他从没有因为有一个调皮的孩子而羞愧。

13岁，他迷恋上了武术，开始利用一切空闲时间来学习。16岁，他为了替班上的女同学讨回公道，对一帮混混大打出手，伤了两个人，他也因此被勒令退学，他决定到美国去求学。父亲指着他房间里的大沙包说："你什么时候能在一分钟内把它打破，你就能走。"他当时认为不可能。

"是的。一分钟，"父亲微笑着说，"对别人来说也许要用一辈子，但你只能用一分钟。因为你与众不同。"

父亲的话他牢牢记在心里面。在接下来的时间里，他开始疯狂训练，因为他知道，他的人生命运，将在一分钟内决定。

三个月后，父亲给他换了一个新沙包，并在一边按下了秒表。一拳，又一拳，他几乎使尽了全身的力气。最后一记重拳，沙袋砰的一声，沙子向外倾泻。

他成功了，1961 年，他进入华盛顿大学，攻读哲学及心理学。

30 岁，他回到香港，虽然他卓绝的武艺赢得了很多人的好评，但在电影界，他只是个新人，他所能做的唯一工作就是跑龙套。

次年 3 月，好友将他引荐给大导演罗维，罗维早就听说了他在美国的种种事迹，对这位才华横溢的年轻人很欣赏，有心让他担任自己新电影的男一号。

但是罗维导演的想法，遭到了大家的一致反对，毕竟这是一部凝聚了大家数年心血的作品，让一个名不见经传的新人担任主演，大家接受不了。

为了说服大家，罗维只好通知他来公司。把剧本扔给他："你需要多少时间来参透剧本？"他以少有的严肃认真的口吻说："一分钟。"他的回答令所有人感到惊讶，他接着说："这事儿是这样的，对别人来说或许需要几周的时间，但我只有一分钟的时间。我的父亲曾经教导我，要想有出息，就必须把一分钟当成自己的一辈子来对待。"

接着，他拿出一个秒表，开始计时。一分钟后，他来了一段即兴表演，虽说内容有所出入，但他却把郑潮安这个人物的性格演绎得活灵活现。

　　他就是李小龙，这部影片就是他从美返港后拍摄的首部影片——《唐山大兄》，影片上映两周就创下了两百万港币的票房收入，这在香港电影史上还是第一次。

　　态度认真，言谈谦虚而自信，这就是李小龙的处世哲学。一辈子中有太多个一分钟，但只要把每一分钟都当作能改变命运的一分钟，慎重对待，那还有什么事情不能完成，什么抱负不能实现呢？

绝境中的你要做上帝

　　他从小就钟情于音乐，才学会走路的时候，父亲就在家里摆了一大堆玩具，让他去抓，结果他一手就抓到了一个音乐盒。父亲对这个结果虽然不太满意，但还是从小着重培养他的音乐特长。

　　12岁，他从师于当时黑龙江最著名的舞蹈大师，学习芭蕾舞和民族舞。后来他跟随老师在中国香港、中国澳门和美国进行了多次演出，他出色的舞技获得了观众的一致好评，他甚至被媒体评价为中国新一代的舞蹈天王。

　　17岁，在父亲的支持下，他报名参加了韩国SM娱乐有限公司主办的"H.O.T.China"选拔大赛，他以优异成绩脱颖而出。

　　之后，他带着梦想只身来到韩国，接受一系列的专业训练。举目无亲，再加上性格内向，不善交流，他受了很多的苦。3个月后，他听闻父亲得了大病，花光了家里所有的积蓄，他的生活费和学费也没有了着落。此时，摆在他面前的只有两条路，要么回国，要么自食其力。他流着眼泪给父亲打电话，病床上的父亲并不想让自己拖累儿子。他不止一次告诫儿子要坚持。当听到儿子坚持要回来时，父亲发火了，扔下一句话：你要是回来，从此就不再是我的儿子。挂了电话，他悲痛地跪在了地上。

　　他开始奔波于各大歌厅，但他在韩国只是一个新人，开始的几天里，几乎没有人愿意聘请他。那几天是他一生中最艰难的日子，他睡过马路，也吃过别人扔下的馒头，就算处在这样的绝境里，他也没有放弃。一周后，终于有一家歌厅愿意录用他，尽管薪水很低，条件也很苛刻，他还是毫不犹豫地答应了。白天他接受培训，晚上就到歌厅来唱歌，他是来得最早，走得最晚的。很多时候，他只能睡上三个钟头，就要马上起来去接受训练。为了自己的歌唱梦，他咬牙坚持着，这一唱就是五年。2006 年，他所在的组合一举拿下了韩流中国·十大最受欢迎音乐组合奖，他也声名鹊起。

　　眼看着自己距离梦想只有一步之遥，他幸福地笑了。然而一场意外瞬间而至。在一次演出时，他不幸从高空坠下。医生告诉他，他左腿膝盖骨遭到了严重损伤，就算好了，他也很难再从事剧烈的运动。这对以歌唱舞蹈为生命的他来说几乎是致命的打击。

　　一个月后，他咬牙强迫自己站起来，很快他发现，他所做的一切都是徒劳。他清楚地知道，自己的后半生很可能将在轮椅上度过。但是他不甘心，他的梦想才刚刚开始，怎么能眼睁睁就这样夭折呢？他立刻冷静下来，父亲也专程赶来给他打气。他深受感动，他一再告诫自己，只要还有一口气在，就要唱下去。他拄着拐杖参加演出和培训。父亲也咨询了很多医生，为他制订了科学的康复训练计划。

　　事实上，他成功了。凭着成熟而稳重的表现，他所在的团队，收获了包括音乐风云榜、腾讯网星光大典、CCTV-MTV音乐盛典的最佳组合奖，而他也成功地丢掉了拐杖，再一次生龙活虎地站在了舞台中央。

　　"父亲从小就教导我：世上没有绝望的处境，只有对处境绝望的人。所以我会把人生的每次不幸都当成转机，也唯有这样，我才能成为绝境中的上帝，而非甘愿被束缚的奴仆。"这是他说的话。他不怕别人嘲笑他的固执，也不怕别人说他傻。因为他知道，当接二连三的绝境来阻碍成功时，命运女神会青睐迎难而上的智者。

　　他就是韩庚。

荆棘和陡坡才是你的优势

　　他出生于广东鹤山县（今鹤山市）一个普通的工薪阶层家庭，父母都是老实巴交的邮政职工。父母的身高都在一米七以上，因为遗传的缘故，他生下来就比同龄人高。

　　因为父亲工作调动，他2岁时来到深圳。

　　他3岁时，就学会了怎样把家里的电器大卸八块，4岁时就把邻居的孩子打得跪地求饶。他进幼儿园才一周，就成了学校的破坏大王。班里的同学都不喜欢他，敬而远之。老师经常打电话到他家诉苦。

　　因为朋友越来越少，他找不到玩耍的乐趣，索性玩起了篮球。那个时候，也只有篮球才是他唯一的朋友。他有什么快乐和忧愁的事，都会在运球的时候大声说出来。在他看来，那是很正常的事，但别人暗地里却骂他是疯子。

　　7岁那年，他进了深圳一个比较好的中学读书，跟随学校最有名的老师学习篮球。

　　他不信自己不能闯出一片天地，他信誓旦旦地对母亲说，你们看着吧，不出十年，我将成为中国篮球史上最有价值的球员。在家人看来，他像是在说笑话。

10 岁时，他身高已经有一米八。他牢牢记得当年的那个誓言，他和几个同样爱好篮球的伙伴组建了一支篮球队，取名为"梦之队"。队伍组成后他们就开始了紧张的训练。父亲看在眼里，又喜又忧。喜的是他从儿子身上看到了当年那个顽强而又灵气逼人的自己，忧的是他担心顽皮的儿子会把上课的时间也拿来练球。

为了监督他的学业，父亲不得不经常请假去学校看望他。

他 12 岁生日那天，父亲带他去游乐园玩。走到游乐园门口，父亲突然问他要不要到山上去，因为那里的体育馆正在举行一场少年职业篮球比赛。但是等观光车的人太多，等了很久还没位子，父亲提出抄近路走，这样还能快一点。

他感到很惊讶，这里他来过几次，并没有发现父亲所说的近路。父亲笑了，拐了一个弯后指着一处陡坡说，就从这里上。

他愣住了。父亲没有理会他，借助旁边的小树，几下就走过了陡坡。8 分钟后，他们走到了体育馆的前面，父亲指着来的那条路，意味深长地说："孩子，成功其实就像我们争先恐后地要赶到山顶，如果都去坐观光车，不知要等到什么时候，就算坐上了，也被别人远远甩在了后面。为什么我们不选择其他方式呢？比如走路，虽然前面有荆棘和陡坡，你也许会跌倒很多次，但只要坚持下去，你总能捷足先登。也只有这样，你才能形成自己的优势啊。

父亲的这番话，他铭记在心。

因为有父亲的支持和鼓励，他很快报名参加了深圳的街头篮球赛事，虽然第一轮就被淘汰，但他没有泄气。他和队员击掌发誓，明年重新再来。

回到家不久，他没有想到，深圳体校教练戴忆新竟然来到他家。

他庆幸自己遇到了伯乐。由于有了专门而系统的训练，他的球技不断提高。

2001 年，身高达二米零二的他入选中国国家青年篮球队。在2005 年到 2006 年的球赛中，他以优异的成绩成为了 CBA 史上最年轻的最有价值球员。

他就是中国篮坛的热门人物，被称为人气王的易建联。

2007 年，他签约密尔沃基雄鹿队，成为继王治郅、巴特尔、姚明之后，第四位进军 NBA 的中国球员；他也是第一位到现场经历选秀过程的中国球员。

荆棘和挫折，在一个人的理想面前根本不算什么，你也许会失败很多次，但只要坚持下去，你总会迎来成功。

左拐弯，右拐弯

他从小就喜欢体育，梦想着自己有朝一日能成为世界冠军。为了这个梦想，他5岁就进了体育学校。在学校里他付出了比别人多几倍的努力，可说实话，他虽然体育成绩很棒，但品行方面却不怎么样。8岁他就开始和社会上的人打架，12岁他就开始给女生写情书。学校又怎么会容忍这样的学生呢？

他只能落寞地离开了体校。

16岁那年，他从职业中专毕业，去了深圳一家公司。他的工作很简单，给领导写文件，给下属传达通知，其余的时间就是喝茶看报纸。别人都羡慕他工作轻松，他也一度这么认为。直到有一次，他陪老总去和一家公司谈判，席间有个年轻的老总问他："你觉得自己现在的生活充实吗？"他哑然。回来没多久，他在别人的惋惜声中辞了职。

他用自己的积蓄开了个小店，要知道在深圳这个地方，生存是很不容易的，但他一直没有放弃。3年后，他的生意越做越大，连锁店开了好几家。闲下来后，他一直想把自己的人生经历写出来，他开始给报刊投稿，没想到一个月后文章就刊发出来了。

他一发不可收拾，文章陆续在各家杂志发表，他又找到了新的目标，准备写一部自传体小说。

这是一个人的真实经历，他叫雷阳，目前是南平饮食连锁集团的董事长，职业作家。每次有记者去采访他，他都会谈及自己人生中的这些"拐弯"。

其实我们每个人的人生又何尝不是由这些"拐弯"构成的？要知道，找到自己的人生定位，不可能是一蹴而就的事情。与其在一棵树上吊死，还不如拐个弯。只要我们能清楚自己要的是什么，再加上自信和努力，我们都能顺利走到成功的彼岸。当然还有个前提，我们要学会放弃，更要学会选择。

疼痛是成功必需的一步

　　她出生在湖北一个普通的农民家庭，在她刚学会走路的时候，母亲买来一大堆玩具让她挑选，她毫不犹豫地捡起了足球。这让本来就是体育迷的母亲惊喜万分。

　　父母决定把她培养成一名足球运动员。然而天不随人愿，他们很快发现，女儿在足球运动上的表现很笨拙。尽管营养跟上了，但她的身高比同龄人矮多了。6岁时，她还不能把足球踢进球门，更别说带球和玩假动作了。

　　一次偶然的机会，黄石业余体校的校长到家里来玩，在看了她做的一些基本动作后，立刻被眼前这个小个子女孩吸引了，忍不住走过去，教了她一套简单的体操动作，不料三分钟后她就能做得很娴熟。校长直夸这是一棵好苗子，如果可以，他希望把她带回去。这让本来已经绝望的父母感到既惊喜又担心。他们担心，这个学了三年足球却连射门都不会的孩子在体操上能有所作为吗？

　　抱着试试看的态度，他们还是同意了校长的请求。

　　第一次享受到了成功的喜悦，她在学校里表现得异常刻苦，尽管每次比赛成绩都差强人意，但她没有放弃，她执着地相信，总有一天她能实现自己的梦想。

1999 年，她加入湖北省队。教练说，虽然她的基础不是太好，但是她有很好的身体条件，可挖掘的潜力非常大。

因为有教练的期望和鼓励，她克服了自卑，她表现得异常努力。每天晚上，队员们就寝后她还留在体操训练场上继续训练。

她的努力没有白费，在 2001 年国家队的选拔比赛中，她的执着与顽强感动了所有教练。

她成功入选了。

来到国家队后，她最喜欢的事情莫过于到贴有马燕红、樊迪、罗莉、莫慧兰等明星相片的中国体操队的冠军墙下去看看。每次她都久久不肯离去，她对墙发誓，她一定要闯出一番轰轰烈烈的事业来。她的命运只能由自己来主宰。

她深知自己在跳马和平衡木上的欠缺，所以她练习得越发刻苦，一次次摔倒，一次次又爬起。

2003 年的亚洲体操锦标赛，是她参加的第一个大型运动会，结果一鸣惊人，一举摘得女子跳马和自由操冠军。2004 年，她再次奉命出征雅典奥运会，尽管此时的她成绩骄人，但在范晔、张楠等明星选手的映衬下，她依然毫不起眼。

她在这次奥运会上毫无建树，这让她感到很失落，回到家后，她整整一周没有走出房门。母亲开导她说："傻孩子，在体操这个高手云集的项目里，你要真想成功，就只能走自己的路。"

她恍然大悟。

回到国家队后，她向跳马史上最难的动作——踺子后手翻转体180度接直体前空翻转体540度发起了进攻。训练是残酷的，因为上马后要使用后马翻，她根本无法看到马鞍，只能凭自己的感觉。开头的那几天，她几乎天天都受伤，最严重的一次是整个人都贴在了马鞍上，她在医院里整整躺了半个月，她被告知至少要休养半年。然而，没几天，她就悄悄溜回了训练中心。

很多人都觉得练好这样高难度的动作是天方夜谭，但是她做到了。她的苦没有白受，她的汗没有白流，在第38届世界体操锦标赛上，她以这套高难度动作一举成名。

她就是获得2005年度CCTV体坛风云人物·体坛十大风云人物奖的程菲。她的这套动作，被国际体操联合会命名为"程菲跳"，这也是第一个以中国选手名字命名的女子跳马动作。

2007年体操世界杯，她摘得金牌，当记者问她有什么想法时，她突然哭了。

多少年来，她没有哭过。被人嘲笑没有哭过，摔伤住院没有哭过，成功夺冠没有哭过，可是这次她哭了。

她说，如果能有机会得到奥运冠军，她一定要把奖牌送给父母，然后谢谢父母这么多年的爱和支持。

　　从选择体操运动的那天开始，她就明白，所有的幸福都要靠自己打拼，所有的疼都要独自承担，而她，历经 12 载，终成大器。

　　程菲说，敢于去坚持你所选择的，努力和艰辛才能得到回报。疼痛是成功必需的一步！

找到属于你自己的"战场"

我们都知道，吴宗宪在中国主持界是一颗耀眼的明星。但鲜为人知的是：吴宗宪并不是一开始就从事主持这一行当的，他曲折的职业经历，充满了传奇色彩。

小时候的吴宗宪，酷爱唱歌，并梦想将来能成为一名歌星。毕业后，他在一家歌厅找了份唱歌的工作，收入还比较可观，至少能养活自己。但他的歌星梦，依然遥远，渐渐地，他开始打退堂鼓了。

后来，吴宗宪到一家证券公司上班。事实似乎证明，他天生就是做这一行的。因为只要是他选中的股票，几乎都会涨。优秀的工作成绩，不仅给他带来了丰厚的物质回报，而且不久之后，他就坐到了经理的位置。对于大多数人来讲，这可是梦寐以求的事情啊。

正当他的事业如日中天之时，忽然有一天，一家唱片公司问他是否愿意出唱片。当然想！不过他马上又犹豫了，此一时，彼一时，如果再早点，他会毫不迟疑地答应；而今，他已有了一份稳定的工作，而且待遇相当不错，如果放弃了，多可惜啊。

思来想去，最终，他为了圆歌星梦而选择了那家唱片公司。在一片诧异的目光中，他向证券公司递交了辞职书。人们都为他这一举动感到无比惋惜：现在股市牛气冲天，你怎能走呢？然而始料未及的是，不久后，股市直线下滑，股票狂跌。而此时的吴宗宪，早已是局外人。

接下来，他把所有的精力放在了唱歌上，虽然先后发行了几张个人专辑，但总是半紫不红，有时连糊口都成问题。为此，他同时又找了份当主持人的工作，没想到，这一举措让他拥有了另一个全新的人生。

有一回，他去一所学校主持演唱会，由于堵车，演唱会开始时一个歌手也没赶到，为了避免观众起哄，吴宗宪独自上去救场。一会儿唱歌，一会儿与观众做游戏，有说有笑，现场气氛非常活跃，意外所带来的不快早已被他抛到九霄云外去了。从此，他那诙谐的语言和搞笑的本领得到大家的肯定。后来他又主持了多场演唱会，还获得了"校园天王"的光荣称号。

吴宗宪发现了自己的长处，于是再次改行，进入了主持界，经过几年的努力，最终成为一代综艺天王。

很多时候，我们之所以不成功，并不是不够勤奋或能力不足，而是因为没有找到属于自己的那一片天地。不是吗？最初，刘翔是跳高的，姚明是打水球的，如果没有后来的改行，恐怕到现在世人都不知刘翔、姚明是何许人也呢！一系列的事实难道还不足以证明"找到属于你自己的战场"的重要性吗？

给你的人生调个方向

他是一个品学兼优的男孩子，从小，他的成绩一直都排在班上前几名。那个时候，他最喜欢听周恩来的故事，他梦想着将来成为一名出色的外交官。老师说，想成为外交官，首先得考上大学，于是他对自己的规划便是能上一所一流大学。

他终于如愿以偿。在大学里，他学的是中文。一向志向远大的他不甘心寂寞，他开始梦想成为一名作家。为此，他把全部时间都放在阅读和练笔上。学院每年组织的各种文学大赛，他都拔得头筹。

大学毕业后，他被分配到教育局工作，手里捧着令乡亲们羡慕的铁饭碗，按理说，命运对他已经够优待的了，但是他并没有满足。

那一年，趁着农村刚刚掀起的建设高潮，他率先提出了辞职下海，在他的影响下，家中的三个兄弟纷纷辞职。带着变卖手表、自行车的钱，他成立了育新良种场。

第一单生意，是10万只鸡的大买卖。他先交货2万只，但没想到小鸡在运输中死伤过半，运到后又因火灾尽数死去，货主已倾家荡产，剩下的8万只小鸡也没有了销路。怎么办？他并没有泄气，而是积极打听市场。当听说成都有需求时，他马上开始动手编竹筐，然后连夜骑车赶到 20 里外的市场。半个月折腾下来，人瘦了十多斤，可是 8 万只鸡终于出手，一结账，赢利十余万元。

这时，一家人有了分歧，是继续养鸡的事业，还是另辟蹊径？敏锐的他把眼光瞄准了鹌鹑养殖。而当时，鹌鹑热在成都地区早已降温，有好心人就劝他不要作茧自缚。他却微微一笑，他想的不是养几只鹌鹑，然后再和别人去血拼市场，他看到的是技术在这个行业的价值。

很快，他就依靠现代科技站稳了脚跟，成了四川有名的鹌鹑大王。但他并没有就此停下探索的脚步。一次，他南下去购买鹌鹑饲料，经过几个乡镇时，看到很多农民都在排队购买饲料。他突然萌发了一个念头，中国是食肉大国，而农民传统的饲养禽畜的方法太过落后，完全可以以此为契机，走一条企业经营的路线。

回来后，他把想法一说，得到了大家的一致同意。于是，接下来，他一点点接近梦想。

他先是建了一个有 100 头猪的试验场，然后又建成了希望科学技术研究所和饲料厂，随着自主开发的"希望牌" 1 号乳猪全价颗粒饲料面世，他也成了家喻户晓的名人。

没错，他就是 2001 年被《福布斯》评为中国大陆最成功商人排行榜第一名，2008 年位居《福布斯中国富豪排行榜》首位的刘永行。

从立志做外交官再到作家，从育雏鸡到养鹌鹑再到研发饲料，他的人生可谓一步一个方向。在一次记者招待会上，他谈起了自己成功的秘诀。他说："人生就好比一艘顺流而下的船，我永远都不知道出口在哪儿，所以我只得一步一个脚印，而每一次成功或者失败的经验，都会帮我及时调整出口和方向。"

"没有谁从一开始就会一帆风顺。"刘永行最后说道，"但只要你有毅力，敢于去坚持你所选择的，你就能把握你人生这艘船的方向。

一次挫折是失败，一百次挫折就是成功

大卫·贝克汉姆是英格兰著名的足球运动员，但他小时候，却想做一名越野跑车队的选手。贝克汉姆的家人，倒是十分支持，全家人省吃俭用，给他交清了所有的费用。

贝克汉姆加入车队后不久，就迎来了一次机遇，著名的 Essex 越野跑大赛将在 4 个月后拉开序幕。但是遗憾的是，知道这个消息时，他们已经错过了报名的时间。尽管如此，车队的老板还是下定决心，无论如何也要借这个机会把车队的名气打出去。接下来，老板买了很多礼物，去拜访大赛的组织者亨特里先生。

结果，老板提着礼物垂头丧气地回来了。只是他仍然不死心，又派几个得力的助手去拜访，依然是无功而返。

在车队的内部会议上，不少选手沮丧地说："我们眼睁睁地与 Essex 越野跑大赛失之交臂。"

这时，年少的贝克汉姆自告奋勇地说："让我去试试吧，我相信我能拿到这个名额。"老板望着这个乳臭未干的孩子说："凭你？连我都被无情地拒绝了，你确信你能说服他？可是你凭什么呢？"

贝克汉姆拍拍胸脯说："我敢保证，不过我要是能顺利拿到的

话，我希望我能代表车队出战。"见贝克汉姆如此自信，老板爽快地答应了他。

拿着老板给的地址，贝克汉姆顺利找到了亨特里的别墅，却被保姆拦在了门外。"你好，"贝克汉姆客气地拿出车队的名片说，"请转告亨特里先生，我想和他聊聊赛车。"几分钟后，保姆走了出来说："对不起，先生说，你们已经来过几次了，没有必要再联系了。"贝克汉姆依然微笑着说："没关系的，请转告亨特里先生，我明天还会来的。"

第二天晚上，贝克汉姆又来到了亨特里的别墅前，他选择在八点的时候准时敲门，依然是保姆接待的。贝克汉姆微笑着说："请转告亨特里先生，我想和他聊聊赛车。"保姆不忍心拒绝他，进去汇报了，片刻后，保姆出来说："孩子，你还是走吧。先生不愿意见你。"贝克汉姆信心百倍地说："我明天还是会来的。"

此后的三个月，贝克汉姆天天都过来，周末的时候，贝克汉姆还坚持一天过来两次，尽管他一次都没见到亨特里先生。

但贝克汉姆仍然没有放弃，那个下雨的晚上，他再一次过来了。依然是保姆开的门，保姆说："孩子，我给你算过了，加上这次，你已经来过整整一百次了。我们先生正在看球。他应该不会见你。"当知道亨特里还是名铁杆球迷时，贝克汉姆的眼睛顿时一亮，他走到大厅里说："亨特里先生，我今天不跟你谈赛车，我们谈谈足球吧。"当听到亨特里房间里的电视声音弱了很多时，贝克汉姆开始大谈英格兰足球现今的局势。

过了一会儿，门开了，亨特里走了出来，"你是个对足球有深刻见解的人，你这么执着，我相信你的未来一片璀璨。所以，我愿意与你谈谈这次比赛的细节。"接下来，两个人在书房里谈了两个小时，谈妥了贝克汉姆车队参加 Essex 越野跑大赛的所有细节。

一个月后，Essex 越野跑大赛如期进行，凭着出色的表现，贝克汉姆摘得了 Essex 越野跑大赛的冠军。多年后，贝克汉姆转战足球赛场，因为坚持不懈，他的足球事业同样风生水起，他不仅夺得了 1999 年及 2001 年的世界足球先生银球奖，还曾任英格兰国家队队长，他苦练出来的任意球和长传技术，也成了他在赛场上的法宝。每一次去和球迷见面，都有不少球迷问他成功的秘诀，贝克汉姆总是语重心长地说："我想告诉你们的是，这个世界上没有什么比坚持更厉害的武器了，我要送给你们一句话，同时也是我人生的总结：一次挫折是失败，一百次挫折就是成功。"

遍地荆棘，你得跑着过去

他的出身并不好，父亲是普通的小职员，母亲是家庭主妇。

因为在家族中最小，打一出生，他就受到了极大的宠爱，这让他后来处处显得盛气凌人。

两岁，他已经开始躲在女生的后面，冷不丁地拽人家的辫子；三岁，爷爷刚一转身，他就把爷爷种了一个上午的花连根拔除，还嚷着"天女散花"；四岁，他在别人家的墙壁上涂满颜料，然后躲在暗处，看着人家着急的背影偷笑。

他成了附近有名的调皮大王，哥哥姐姐们都不喜欢他，邻居们也老向他父母告状。他却悠然自得，依旧我行我素。

因为难以管教，再加上孩子多，父母决定把他送去学游泳。换了环境，他的调皮竟变本加厉。没有小朋友愿意和他玩，他也就找不到乐趣，只好跟水交起了朋友。

他第一次下水，是在 7 岁。在蓝色的游泳池旁，其他孩子畏畏缩缩地躲在老师后面，他却一脸兴奋。当老师问谁愿意第一个试水时，话音没落，1.4 米的他已经扑通一声跳了下去。虽然呛了好几口水，但老师已经发现了他的胆识和潜力。经过几天的训练，老师越来越喜欢这个调皮的孩子，他在水中的天赋也渐渐显现出来。于是，怎么转化他的顽劣，便成了摆在老师和父母面前的一大难题。

一次，父亲决定带他去探访一位游泳名将。得知消息，老师立即献上一计。父亲找了条偏僻的小路，因为很难走，他被远远地甩在了后面。他大声请求父亲等等。但父亲没有理睬，只顾自己朝前走。在那里，荆棘丛生，人总想着躲避它们而减少刺痛，但越是躲避，就越容易被旁边没有注意到的刺刺到。等他伤痕累累地赶到山顶时，父亲正和游泳名将谈着家常。他本想埋怨父亲，但看到父亲腿上鲜有伤痕时，他立刻哑然无语。"知道我为什么不等你吗？"父亲微笑着说，"因为在这条荆棘丛生的道路上，我只有一个想法，那就是以最快的速度登上山顶，那样我的挫折和伤痕，才能减到最低。"

父亲的这番话，让他有所顿悟。谈到未来的理想时，他豪情壮志地对父亲说："你看着吧，在 25 岁以前，我一定能改写中国的游泳历史。"他并没有忘记自己的誓言，回到北京市海淀区少年儿童业余体校后，他加紧训练，成了到达最早、离开最晚的学生。

老师欣喜地看到了这些变化，任命他为学生中的"小头目"，负责督促其他学员的训练。

不知不觉间，以前的顽童长大懂事了，他不再调皮捣蛋，不再惹是生非。回到家后，他还极力为冷战中的父母说和，坚持每天早上给家人买油条、豆浆……

13岁，成绩卓越的他正式入选北京队，他成了真正意义上的职业运动员。因为有了专门而系统的训练，他的身高与游技直线上升。

2003年，在第10届世界游泳锦标赛上，他成了中国唯一闯进决赛的男选手。尽管他只获得了800米自由泳的第八名，尽管他没有取得金银铜牌中的任何一枚，但是他的潜力引起了世人的瞩目。"中长距离之王"，澳洲名将哈克特赞誉他说："中国将诞生一位传奇人物。"

2004年全国游泳冠军赛，他一人摘得四枚金牌。他没有停止追赶的脚步。父亲也过来加油："你还记得7岁时的誓言吗？你现在就好比爬山只到达了半山腰，你不能骄傲。如果你想骄傲，那么我愿意做你脚下的荆棘。"

为了进一步提高游泳技能，他曾两次拜访哈克特的教练丹尼斯虚心请教。2008年北京奥运会上，他获得了400米自由泳亚军，实现了中国男子游泳运动员在奥运会比赛中零奖牌的突破。

是的，他就是中国泳坛的热门人物，中国名将张琳。在2009年罗马游泳世锦赛上，他成为继大脚鱼雷索普、"中长距离之王"哈克特后第三位创造800米自由泳传奇的巨人。他也成为73年来亚洲男子长距离自由泳历史上，首个夺得世界大赛（长池）的人。

他的至理名言就是："当你选择之后，你就必须明白，你所有的幸福都得靠自己打拼。你必须往前走，一步一步地走，不要彷徨，不要犹豫，因为你的脚下遍地荆棘！"

把抱怨看成商机

上世纪70年代末，改革开放的春风刚刚吹起，江苏常熟县白茆公社山泾村二大队的一个名叫高德康的年轻人，因不甘贫穷，带领11位农民成立了缝纫机组，做一些"来料加工"式的活计。凭着执着不服输的精神和良好的信誉，他的事业越做越大，客户也越来越多。

5年之后，他开始为上海飞达厂贴牌生产服装。那个时候，市场上还是皮夹克领导时尚，然而高德康却对羽绒服情有独钟。经过理智的分析，高德康心中有了一个构想，那就是让中国的老百姓都穿上又轻又暖又合适的羽绒服！

高德康深知机遇的重要性，在掌握加工制作羽绒服的一整套成熟技术后，他迫不及待地注册了"波司登"商标，两年后波司登羽绒服已经在市场上占有一席之地。

但没过多久，高德康便遭遇了一场寒流。全年生产的羽绒服三分之二积压在仓库里，银行催还800万元贷款更是雪上加霜。怎么办？是宣布破产还是继续苦撑下去？高德康和他的职工们伤透了脑筋。

　　一次，高德康和手下的几个副经理去了解市场，在经过一个门面时，大家都被一阵吵闹的声音吸引住了，原来里面在搞反季促销。高德康看了一下，那里的商品基本上是以六到七折的价格出售。"这么卖，多亏啊。"一个副经理忍不住抱怨说。高德康的眼睛突然亮了，他狠狠拍了一下副经理的肩膀说："没错，就是这么搞。"

　　大家都愣住了。回去之后，高德康立即召开职工代表大会，提出了他的大胆构想。"但这样做，我们的利润就减少了40%。"有员工忧心忡忡地说。"利润虽然少了，但是我们能把资金收回来，还清贷款，我们就有了拼一拼的机会。"高德康冷静地说。他马上联系北京的多家商场，提出了反季大甩卖的构想。

　　上世纪90年代中期，国内还鲜有商场有类似行为，对于高德康的倡议，大家都非常谨慎，没有谁愿意表态。就在高德康一筹莫展的时候，机会终于来了，北京市百货大楼（王府井大街店）向他伸出了橄榄枝，高德康毫不犹豫地把仓库的全部货物运过去了。短短一个月，高德康就销售了2.5万件羽绒服，销售额达到500万元，再加上沈阳中信的300万元代销款，高德康如期还清了贷款，波司登也因此迎来了它的春天。1995年波司登首次登上了同行业全国销售第一的宝座。此后的几年，高德康顺应历史潮流，推出了高鹅绒绿色环保羽绒服。不断追求创新，并照顾寻常百姓的需求，成了波司登成功的要素。

　　谈起成功之道，高德康微笑着说："其实很简单，当年那个小门市所搞的反季促销，是当时很多商家所不愿意看到的，但你们看到的是抱怨，我看到的却是商机。有了看清机遇的眼力，再加上超人的耐力和在困难面前宁折不弯的精神，那么，还有什么不能实现，不能完成的呢？"

第二章

生命是一种行走，

成功是永不停歇

经营好你的人生

小虎队解散以后，"乖乖虎"苏有朋并没有停下他梦想的脚步，他心里有一个强烈的想法，那就是拍一部真正意义上的电影，也让自己突破白面书生形象。他将此作为回报父母的最好方式，以感谢他们这些年对自己的默默支持。

"我要做独一无二的苏有朋。"苏有朋自饰演"五阿哥"后，又陆续饰演了"苏小鹏""花无缺""杜飞""张无忌""杨四郎"等多个角色，他也因此成为众多年轻人的偶像。潜伏几年后，他又拍摄了电视剧《热爱》。"这些角色都是在为《风声》里的白小年做准备。"在面对《羊城晚报》的采访时，他这样说。

剧本是2008年底送到经纪公司的。封面上清晰地写着一句广告词：风声过后，世间再无传奇。看完剧本，苏有朋既兴奋又紧张。兴奋的是，他苦等多年的蜕变机会终于来了。紧张的是，他所饰演的角色是阴阳怪气的昆曲名伶白小年，如果演技不到位，很可能砸掉自己多年苦心经营打造的形象。

一向孝顺的苏有朋去征求父母的意见，父亲没说什么，母亲却出奇地强烈反对。她的担心也正是苏有朋的担心。整整一个星期，苏有朋把自己关在房间里，仔细琢磨，最终他决定豁出去了。

开机时，苏有朋梳着大背头，嘴边留着小胡子。如同当年拍摄《热爱》一样，他推掉了所有应酬，全身心投入到剧本里来。为了学昆曲，苏有朋特意请了两位昆曲名师。昆曲很难学，背台词，学兰花指，练小碎步。每一个动作，每一个细节，他都认真对待，练完后，还要紧张地拍戏。那段时间，他几乎是以剧组为家，忙的时候，甚至连饭都顾不上吃。

苏有朋在戏中饰演的是一个非常有难度的角色，为了保持演戏状态，苏有朋在拍摄现场也是阴阳怪气的，既不和大家聊天，也不去看监视器，而是一个人静静地站着，甚至还哼唱几句昆曲。

为了找感觉，他在拍戏时坚持不找替身，所有的酷刑都是自己上阵，曾被鞭子抽到耳鸣。人一旦较真起来，是没有什么能够阻挡的。正是这样的付出和努力，这样简单而执着的演绎，苏有朋才塑造了一个令人惊艳的"白小年"，也成就了一个崭新的苏有朋。导演高群书也表示："苏有朋对这个角色的把握超越我的想象。"监制冯小刚也称："苏有朋的表演让人很难忘。过去我觉得他是个青春偶像，但这次在《风声》中他是完全'裂变'了，超出我的想象力。"

苏有朋在接受记者采访时说："很多人都曾问我，为什么要不断颠覆自己的形象，我想答案就是，每个人都必须经营好自己的人生。从成为小虎队一员到单飞，从《还珠格格》到《热爱》再到《风声》，我都是这么一步步坚持过来的，即使有过彷徨和迷失，我也从没放弃过。因为希望在远方，只有坚持走下去，不断朝前走，才能使自己的人生路越走越宽。

人生只选一把椅子

　　重庆力帆集团董事长，连续两次跻身《福布斯》中国富豪排行榜前 100 名的尹明善，年轻时道路走得并不顺畅。因为被人揭发有"右派言论"，正读高三的他被发配到塑料厂做苦力，一做就是 20 年。

　　20 年的蹉跎并没有使他的雄心壮志消失。1986 年，48 岁的尹明善只身来到长沙，在赚取第一桶金后，他北上，加盟了重庆出版社。两年后，他临危受命，担任重庆外办下属一个涉外公司的法人代表。尹明善没有辜负大家的信任，仅用了一年时间，就弥补了数十万元的亏损，并赢利 20 万。不久后，他在父亲的支持下，创办"重庆职业教育书社"，并成功策划了《中学生一角钱丛书》，发行量超过一千万册，他也因此声名鹊起，成为重庆市最大的民营二渠道书商。

　　发展得太顺，使他开始反思。如果继续做下去，肯定是稳定的，但前景不大，与此同时，他已经把眼光瞄准了摩托车行业。到底该如何抉择？那一年中秋，他特意把父母接了过来，晚饭后，他向父亲倾诉了自己的忧虑。父亲也不说话，只是在他前面摆了两张椅子，然后让他做出抉择。

尹明善毫不犹豫地坐在了第二把椅子上。

"我一直在等你做这个动作，"父亲语重心长地说，"如果你想同时坐在两把椅子上，你可能会从椅子中间掉下去。人生就是这样，你永远只能选择一把最适合你的椅子坐下。"

尹明善最终选择离开蒸蒸日上的书刊事业。经过翔实的调查分析后，尹明善成立了"轰达车辆配件研究所"，后改成力帆集团。经过十年的打拼，尹明善和他的公司终于登上了行业的顶峰，而尹明善现在的目标是要把力帆打造为世界知名的跨国摩托车大企业。

尹明善多次在公开场合感谢父亲对自己的引导，他说："如果没有父亲一路的支持和指导，就没有我今天的角色。是父亲教育我，人的职业目标只能确定一个，确定好了，你才能脚踏实地地走下去。哪怕前面有再多荆棘和挫折，只要你有足够的信念，坚持走下去，你就能苦尽甘来，如愿以偿。"

给人生留点悬念

"喜羊羊之父"黄伟明，出生于广州的一个艺术之家。在父亲和哥哥的影响下，黄伟明3岁时就迷恋上了画画，那个时候，他的生活中只有两件事，一是画画，二是看动画片。从《大闹天宫》到《哪吒闹海》再到《天书奇谭》《三个和尚》和《没头脑和不高兴》，黄伟明沉醉其中，不能自拔。

10岁，班会课上，班主任让大家畅谈自己的梦想。黄伟明第一个站起来发言："我要做中国动画第一人。"老师和同学们惊呆了，良久，老师才说："孩子，你知道吗，梦想的实现并不是一蹴而就的事情，你有为之奋斗20年甚至一辈子的毅力吗？"黄伟明不假思索地回答："我愿意，因为我爱它，就如同我热爱生命一样。"黄伟明的回答赢得了大家热烈的掌声。

1988年，黄伟明在《中学生报》发表了自己的第一篇漫画作品，那一年，他才16岁。伴随着儿时的梦想和身体的成长，他向自己的目标发起了冲刺。

黄伟明找到父亲，提出了到外国学习动漫的想法。父亲虽然支持儿子画画，但他认为动画那是西方人的专利，而且也不希望儿子背井离乡、孤身一人到外国闯荡。黄伟明说："就让我去试试吧，即使失败，我也能有一些失败的经验。"经过几年的交流，直到1996年，父亲才勉强答应让他出国。

就这样，黄伟明来到了加拿大，边打工边学习。虽然他生活得很艰苦，做过很多粗活，但为了儿时的梦想，黄伟明一直咬牙坚持着。有一次，黄伟明申请到了一个到超市拖地的工作，上班的时候，被几个同学看见了，同学们惊讶地说："黄伟明，你拖地也用不着跑到加拿大吧？"黄伟明笑了，他说了一句让同学记忆深刻的话："我今天的磨炼是为了明天更好去坚持。"

黄伟明当然知道动画和漫画才是他一辈子要耕耘的工作。学习结束后，他马上回到了中国发展，恰逢国家扶持原创动画政策出台，黄伟明有了大展拳脚的机会。不久后，他的第一部家庭幽默情景式动画片《宝贝女儿好妈妈》便问世了，并受到了众多观众的喜欢。接着黄伟明又成功地创作了《喜羊羊与灰太狼》。2008年初，《喜羊羊与灰太狼》已制作出约500集，他所在的原创动力公司准备制作到1000期，与此同时，其衍生产品也火遍了大江南北。他也因此赢得了"喜羊羊之父"的美誉。

就在所有人都以为黄伟明会顺着这样的轨迹一直走下去时，他却突然提出了辞职。之后，他办起了自己的公司，准备推出新的动画长篇作品。有人怀疑，有人不解，作为一个创作人，黄伟明显然有自己的长远打算。

经过一年多的酝酿，在 2010 年初举行的首届中国国际影视动漫版权保护和贸易博览会上，黄伟明正式推出了自己的科幻新作《开心超人》，之所以选择"超人"题材，黄伟明说："看动画片这么多年，我一直没看到中国的超人形象，我希望能创作属于中国的超人。"

如今的黄伟明，无论是在漫画界还是在影视界，都有着颇高的人气，当记者问及他的创业经验时，黄伟明说："我并不希望守着一部成功作品到老，我觉得人活着，是因为激情，激情不够了，要重新找回激情。所以，我必须在还没到巅峰的时候就离开，然后朝下一个目标全力奔跑。给自己的人生留点悬念，我想，这样的人生，才充实和完美。"

种坚持之树，结黄金之果

　　她早年在非洲生活，家境贫寒。为了生存，她当过电话接线员、保姆、速记员、餐厅清洗工。每日所得，都不够养活自己，但为了理想，她毅然选择留了下来，积极投身于反对殖民主义的左翼政治联盟运动中，直到她的祖国解放。

　　她没有受过正规的学校教育，20 岁那年，她才有幸在一所培训学校读了两年中文，但这丝毫没有影响她对文学的热情。

　　1949 年，她和丈夫离婚，带着两岁大的儿子来到英国。此时，她囊中羞涩，为了支付房租，她不得不把仅有的家当——一本未完成的小说草稿拿来典当，被老板委婉谢绝了。为此，她不得不流落街头，最后才被一位好心人收留了一个月。然而就是这一个月的时间，让她得以静下心来完成作品，这部作品最终以《青草在唱歌》的名字出版并一炮而红。从此她一发不可收拾，不仅完成了五部曲《暴力的孩子们》，而且也完成了代表作《金色笔记》的创作。她的写作面很广，除了长篇小说以外，还著有诗歌、散文、剧本和短篇小说。她每天都坚持写作，即使到了 80 高龄，这一习惯也没有改变，她依然坚持用上午三个小时，下午两个小时去写作。

　　她就是英国著名女作家——多丽丝·莱辛，被誉为继伍尔夫之后最伟大的女性作家，并几次获得诺贝尔文学奖提名以及多个世界级文学奖项。2007 年，她一举击败美国作家罗斯、以色列希伯来语作家阿摩司·奥兹、日本作家村上春树，获得诺贝尔文学奖。

　　她的成功被认为是理所当然的，当听到中国很多作家在五六十岁就封了笔，她惊讶地说："这简直不可思议。"她还说："过去我太忙，写作的时间太少，现在退休了，我终于可以把未完成的心愿给完成。人生总有坚持，我的时日已经不多，所以我必须加倍努力。"

　　"人总要学会坚持。只要能动，我就会毫不犹豫地坚持我的理想。"最后她说。

　　莱辛说的这番话，让人感触颇多。记得托马斯·卡莱尔有一句名言："最重要的是，不要去看远处模糊的，而要去着手清楚的事。"当我们的生命遭受滑铁卢的时候，当我们的一次次努力都看不到回报的时候，我们是否还有坚持的勇气呢？人要想学会坚持，需要一种理性，更需要一种态度，一种昂首前进的态度，其中包含着自信和坚强，也涵盖着勇敢和自足。

成功是对嘲笑的最好回答

他小时候家里很穷，但在两个游泳运动员姐姐的影响下，他开始对游泳运动痴迷起来。

当他把想要做一名游泳运动员的想法告诉父亲时，他的想法遭到父亲的强烈反对。因为他的两个姐姐已经是游泳运动员了，巨额的训练费用早就让这个贫困家庭不堪重负。在最困难的一段时间里，父亲甚至得靠卖血来维持家用。父亲听到这话时，当场就给了他一巴掌，说道："你这个傻瓜，你知道白痴是怎么出现的吗？就是像你这样想出来的，游泳？你以为人人都是天才吗？别做梦了！"

但父亲的话并没有使他退缩，他还是和姐姐一起来到游泳池里。一方面，他坚持每天到游泳池里至少训练两个小时，另一方面，他在编织着未来的梦想。有一天，他又把梦想说给父亲听，又招来父亲的一顿嘲笑："冠军？还要环游世界？你以为你是天才啊？别痴心妄想了，还是好好念你的书，将来找份工作养家糊口吧。"

在学校，他也被同学们反复嘲笑。他的母亲回忆道："我儿子的成长并非一路坦途……刚开始是他的大耳朵，然后是他的长手臂，在哪里他都不可避免地被排挤、被嘲笑。"

面对嘲笑，他在沉默的同时，却更加刻苦地训练，他知道，成功将是对嘲笑的最好回答。

后来，他打破了 200 米蝶泳世界纪录，成为最年轻的世界纪录保持者，并赢得了"游泳神童"的美誉。在 2008 年北京奥运会上，他一人得了 8 块金牌，创造了奥运会历史上的奇迹，他就是菲尔普斯，他被称为游泳运动史上最伟大的全能运动员。

菲尔普斯成功后曾与别人谈起，当时别人的嘲笑成了他的噩梦。但他在努力将梦想都变成现实后，那些嘲笑过他的人，都转而赞颂他、崇拜他。他的父亲，后来也对他表示了深深的歉意。

很多人，在日常交往中，都不免遭受别人的嘲笑。而菲尔普斯的经历告诉我们：对别人的嘲笑，愤怒和消沉都无济于事。只有自己的成功，才能让那些嘲笑声转变成赞扬声。

让梦想每天壮大一点点

　　他出生在韩国一个不知名的小镇上，母亲是邮政局的一位普通职工，他还有一个妹妹。由于家庭贫穷，母亲从小就对他寄予了很大希望。

　　但他却是一个很不自信的人。上小学的时候，他甚至从没有在课堂上回答过一个问题。有一次，学校组织学生进行游泳比赛，他就站在河边，战战兢兢地不敢向前一步。

　　母亲知道这个消息后，非常生气。尽管她刚做了一次手术，身体羸弱，她还是把孩子带到河边，指着滔滔河水说："跳下去。"他吓得赶紧往后退："我没练过游泳，我怕。"母亲拍着他的肩膀，耐心地说："孩子，你要明白，很多时候我们之所以不能成功，就是因为被经验束缚了手脚。我也不会游泳，但凭着勇气和恒心，我一定会成功。"说着，脱下鞋子，跳进了水中。

　　他的心弦绷得紧紧的，1 秒钟、2 秒钟……5 秒钟，勇敢的母亲在被水连呛了几次后，竟然奇迹般地浮了起来。

　　"那么孩子，你现在的梦想是什么？"母亲湿淋淋地走上来说。

　　他毫不犹豫地说："我要考大学，找个好工作。"母亲欣慰地点点头，接着语重心长地说："那么孩子，从现在起，你要为之努力了，让你的梦想和勇气每天壮大一点点。"

他含着热泪点了点头。

17 岁那年，他和 3 个同学去漂流。不料，途中遭遇了一场暴风雨，湍急的河水很快使他们的橡皮艇偏离了原来的航线，向左边的一条支流奔去。几个同学都吓哭了，有一个同学是本地人，更是大声尖叫起来："前面是乱石岗，怎么办啊？"他却沉着冷静地指挥着另一个同学操纵着船桨使劲往岸边划，费了九牛二虎之力终于脱离了危险。后来有同学问他："面对生死，你不害怕吗？"他无畏地说："我不怕，因为我有梦想和勇气。"

18 岁，他认识了既是 JYP 经纪公司领导者，同时又是音乐资深制作人的朴振荣，当他把这一消息告诉母亲时，母亲问："孩子，那么你现在的梦想是什么？"他毫不犹豫地回答："做亚洲顶级的艺人。"但是母亲却没法看到他实现愿望，不久后就在医院去世了，而她留给孩子的最后一句话就是："照顾妹妹，好好实现你的梦想。"

母亲的去世对他打击很大，他不止一次跪在母亲的遗像前发誓："我要拼命练习，成为一流歌手。"

2002 年，他推出一张个人专辑，就获得了几乎全韩国媒体的各大新人奖项。之后他更是一发不可收拾，多次参加亚洲巡回演出，广受人们喜爱。

　　他就是 2008 年在"第 45 届储蓄之日"上荣获总统表彰状的
Rain。如今，他以精湛的舞蹈和清新的音乐风格成为年轻人心目中
的"天王"。

　　在回顾成长之路时，他百感交集地说："母亲从小就教导我，要
成功，靠的不是经验。我一直都牢牢记得，并在为之努力，不为别
的，只为让梦想每天可以壮大一点点。所以每一年，母亲问我的梦
想，我都有不同的回答，我坚持下来了，所以成功了。"

跑下去，前面是片晴朗天

　　牙买加著名短跑运动员，曾在北京奥运会上三次打破世界纪录，被誉为"闪电侠"的博尔特在成名之前只是一个毫不起眼的替补运动员。

　　因为一场大病，博尔特几乎失去了在田径场上继续追逐梦想的能力，但他硬是以强大的毅力挺了过来，并在规定的时间里归队训练。就是这么一个在牙买加短跑选手名单里都没有位置的运动员，2001 年却突然向牙买加体育管理中心提出要代表牙买加参加世界青年田径锦标赛。

　　消息传出，众皆哗然。没有人支持，连亲戚朋友都反对他这一"幼稚、荒唐"的想法。因为短跑，是一个挑战人体极限的运动，即使 0.1 秒的超越也足以让世界震撼。而此前博尔特最好的成绩比牙买加第一号短跑运动员鲍威尔慢了 1 秒钟。

　　1 秒，在短跑里几乎是一个无法跨越的时间。

　　看着没有人支持自己，博尔特接着向鲍威尔下了一封挑战书。约他 3 个月后，在国家体育中心进行一次比赛。出乎所有人的预料，鲍威尔愉快地接受了挑战，并指派自己的教练指导博尔特进行训练。

博尔特清楚地知道，他最大的敌人并不是别人，而是困扰自己多年的疾病。他未必能战胜对手，但为了自己的田径梦想，他必须战胜自己，别无选择。

教练针对他的现状，给他制订了一项周密而科学的训练计划。训练的最后一部分是 7 天的长跑之旅，与炙热的沙浪搏斗，跟冰冷的海水抗衡，跟长颈鹿比速度，与袋鼠一同冲刺。

挑战赛如期进行，这是一个没有媒体参加的盛会，除了牙买加体育管理中心的官员外，所有想来观战的人都被拒绝入内。没有人知道结果怎么样，但博尔特确实通过此次挑战获得了一个世界青年田径锦标赛的参赛名额。一年后，就是凭着这次赢来的机会，博尔特一举摘下了 200 米短跑的冠军，两年后他再次刷新了自己的 200 米纪录。四年后在北京奥运会上，他成为人类历史上首个打破世界纪录并获得 100 米、200 米跑金牌的选手，他以这次的成绩被联合国教科文组织授予了体育冠军的称号。

我深深记住了这位牙买加选手向世人宣告他与众不同的话："我知道将来还会遇到很多困难，但不管怎样，我都会一直跑下去。跑下去，前面才会是我的晴朗天。"

　　其实，生命的本质又何尝不是一种奔跑？奔跑的路上虽然荆棘丛生，但只要坚持，梦想多大，路就会有多远。身处困境，那就用雄心去征服困境，不气馁，不服输，这样才能演绎完美人生。

你不能总在原地踏步

基思·鲁珀特·默多克出生于澳大利亚，父亲是当地著名的战地记者，澳大利亚先驱和新闻周刊的董事长。在父亲的影响下，默多克早年就对新闻行业充满兴趣。在伦敦读大学期间，默多克就到当地一家小有名气的报社做助理编辑，三年的阅历培养了他鹰一样的敏锐、变色龙一样的务实。

默多克毕业之时，当地的《泰晤士报》以高薪向他伸出了橄榄枝。默多克兴致勃勃地去就职，却在途中接到电话，父亲所创办的报纸马上要进行拍卖了。

默多克意识到他人生的转折点到了，他立即回家掌管父亲的产业，不到一年的时间，报纸就扭亏为盈了。为了实现他的新闻王国梦，默多克又果断地聘用没有新闻从业经验的彼得·彻宁和拉里·拉姆担任公司高层，这让很多人都大跌眼镜。但深知赌场规律的默多克知道，他的公司缺的并不是平凡稳重的员工，而是拥有疯狂创意的人才。

在这种近似疯狂的管理模式下，默多克也加大向外扩张的速度，在他人生的第五十个年头，他出版的报纸已经占有了澳大利亚报纸总发行量的 2/3、英国报纸总发行量的 1/3，此外，他还担任英美澳多家公司的董事长。

应该说，默多克成功了，他完全可以尽情享受他人生的辉煌了。

但是默多克并不甘心就在原地踏步。

他很快成立了新闻集团，并聘用拥有"疯狂的公牛"称号的罗杰·爱尔斯担任公司经理。

十年之后，他再度出手，在美国建立了他的电视传媒王国——福克斯电视网（FOX）。在互联网时代来临后，默多克立即和日本一家公司合办了专门拓展互联网投资业务的软银公司。

2005 年，他以 5.8 亿美元现金收购当时 MySpace 的母公司 Intermix Media，从而进军网络新闻博客及网络社交领域；2008 年默多克最终以 50 亿美元成功收购道·琼斯公司，这让所有美国人都惊呼："狼来了。"

生活中常常是这样，取得成功其实并不难，难的是把成绩归零，重新开始。很多人都失败了，但有人成功了。正如默多克，他说："每当我站在一个成功的顶峰时，我就反复提醒自己不能总在原地踏步、故步自封，所以我勇敢再向前迈步。"

"你不能总在原地踏步"，多么切合实际的一句话，我想这句话不仅仅是一种言词，一种态度，更是一种心境，一种充满大智慧的习惯。

上帝只给他一个葫芦

2010 年南非世界杯赛场，注定是属于他的，他以 5 个进球、1 个乌龙球带领他的球队击溃巴拉圭和德国，成功挺进决赛，成为了历史上第 12 支打进决赛的球队，也是继 1982 年西德之后首支杀进世界杯决赛的卫冕欧洲冠军。他被誉为"西班牙的救星"，因为在球队最需要他的时候，他总是可以不负众望。西班牙国家队主教练博斯克干脆说："在我看来，他是全世界最好的得分王，他是球场上的天使。"

这位球场上的天使就是西班牙著名球星，别名葫芦娃的大卫·比利亚·桑切斯。

1981 年 12 月 3 日，比利亚出生于西班牙阿斯图里亚斯大区的图伊拉。因为个子不高但身材比较敦实，别人便给他取了一个滑稽的外号——"葫芦"。但事实很快证明，这并不是一个谁都可以藐视的小植物，葫芦的志向是攀登高山。为了不让孩子贪玩，身为矿工的父亲给了他一只足球，比利亚把它当成自己最珍贵的礼物，每天都随身携带，一有空，就拿出来练习。

不久后，比利亚在和小朋友去工地玩时，不幸摔断了右腿。躺在病床上的比利亚并没有熄灭自己的足球梦，他不止一次对父亲说："我希望我将来能成为西班牙最伟大的球员，带领我们的国家队，冲出欧洲，走向世界。"

在父亲的鼓励下，比利亚开始积极做康复训练。半年后，腿伤痊愈后，父亲把他送进了希洪竞技俱乐部。在俱乐部的那几年，比利亚苦练控球、带球和射门能力。因为出色的成绩，比利亚引起了俱乐部高层的注意，以至于金童劳尔来选拔球员时，俱乐部领导迫不及待地想将比利亚推荐给他。

劳尔是在俱乐部的封闭球场见到比利亚和另外三名新秀的。劳尔一出现，三名新秀就争先恐后地跑上去，恳求劳尔给他们签名。唯有比利亚没动，只是静静地看着。

签完名，劳尔走到比利亚面前，微笑着说："小伙子，你不想要我的签名吗？"比利亚昂着头说："我期待你能找我签名，因为我很快会取代你的位置。"劳尔拍着他的肩膀说："我相信你的实力，我也期待你的精彩表演。"望着和善可亲的劳尔，比利亚拼命点头。

事实上，比利亚并没有让劳尔失望，自从亮相职业赛场，比利亚的进球一直稳定在 15 个以上。2005 年 2 月 9 日，24 岁的比利亚第一次代表西班牙国家队出场比赛，就帮助西班牙队以 1 比 1 战平对手。在 2008 年欧洲杯上，比利亚以 4 粒进球的成绩获得金靴奖。到 2009 年 12 月为止，比利亚共为西班牙队出场 54 次打进 36

球，在西班牙国家队总射手榜上排名第二，仅次于打进44球的劳尔。而在国家队中，比利亚也逐渐取代了劳尔，成了绝对主力。

人的一生中，总有一条路会让我们坚持到底，这条路就叫梦想。尽管，我们来到这个世界时，我们的先天条件会有这样或者那样的不同，但只要我们自己不甘心，不放弃，发挥自己的优势，坚持到底，那么，即使上帝只给我们一个"葫芦"，我们也照样能在里面装下精彩的前程。因为，在很多时候，一个梦想，一种坚持，就足以成就一段传奇，一个神话。

给成功留白

　　她出生于北京的一个名门家庭，父亲是经济学家，母亲是外交家和作家，她的出生自然被很多人关注，但她却生来是叛逆的性格。

　　两岁时，她会把母亲送她的电子琴，摔个粉碎；四岁时，她会把父亲朋友送的书帖扔进垃圾桶里；五岁，她会振振有词地在聚会上说："蓝色就是代表爱情。"引得众人哄堂大笑。母亲发现了她惊人的语言天赋，便期望她能女从母业，从事外交工作。但每次找她谈话，她都是跑得远远的。亲朋好友都不免惋惜，但又都无可奈何。

　　十岁，作文课，题目是谈自己的理想，她几乎没加任何考虑就回答："我不愿意踏着父母的脚印走路，我希望走一条属于自己的路。"老师下课后找她谈话："如果现在在你眼前，正有这么一个机会，你会去把握吗？"她拼命点头。有了老师的支持，她深受鼓舞，当得知国家将派一批小留学生赴美求学时，她知道机会来了。

　　她找到母亲，说出了自己的想法，母亲大为吃惊，简直不敢相信自己的耳朵。她却说："我不愿意活在你们的影子里，虽然这种生活会很轻松，但不是我想要的，我只想做独一无二的自己。"母亲还是坚持不同意，但她的一句话，最终改变了母亲的态度："如果继续按照你们的轨迹生活，我能过得快乐吗？"

就这样，她来到了美国。虽然融入美国社会比她想象的要复杂得多，但她一直努力适应着。有一次，学校组织秋游，因为没钱，大家只好在街上买东西吃，很多人都委屈地哭起来。她却像一只快乐的小鸟，四处飞奔。回来后，班主任问她："你不会像其他人一样，因为没钱而烦恼吗？"她摇摇头，坚定地说："开心跟钱没关系，能做自己的事，过自己想要的生活，才是最真实的幸福。"

初中毕业后，她考上了久负盛名的美国纽约州瓦瑟学院学习国际政治专业，成为肯尼迪夫人的校友。毕业后，凭借自信和才华，她签约德国金属有限公司，成为其驻北京办事处首席代表，年薪18万。很多人在惊叹的同时，也羡慕她有份稳定而优越的工作。

就在所有人都认为，她将按照这样的轨迹走下去的时候，她突然提出了辞职，随后办起了猎头公司，做投资咨询。有人不解，有人迷惑，但她却有自己的长远打算。

这样闯荡了几年后，她不仅在事业上有所成就，还拥有了一大批客户资源，就在网络泡沫前夕，精明的她带着自己的团队快刀斩乱麻，转攻杂志。几年下来，她所办的《ILOOK世界都市》《乐》《seventeen青春一族》三本刊物均创下了百万以上的销量。

她就是洪晃！业余时间，她还写些杂文，照样卖得很火。

如今的洪晃，无论是在传媒界还是文化界，都有着颇高的人气。在一次朋友聚会上，谈起人生的规划时，她说："人生就好比攀登，在攀上最后一座适合你的山头前，必须慎重。所以年轻时，我并不想让自己做得太完美，把自己拘束在一个点上，我会给每一段成功都留点空白，这样才能激起我无穷的斗志，激励我朝下一个目标努力奋进，一直到我找到自己的生活定位。我花了 20 年的时间用来证明我的选择，我成功了。"

三次"拐弯"成就非凡人生

2000 年，为了寻梦，22 岁的她孤身一人来到日本，因为语言不通，又没亲戚朋友，她吃尽了苦头。没钱了，午饭和晚饭就合在一起吃；没地方睡，就露宿街头；上不起培训班，就跟着电视学习日语。

好不容易等到电视台为 U1traCats 组合而举行选拔比赛。她很想去报名，但被高额的报名费给吓住了。就在她准备放弃的时候，一群和她一样从韩国来日本寻梦的女孩向她伸出了援助之手。

为了能出线，她付出了常人难以想象的努力。尽管她成功了，却在关键时刻被电视台要求：你要是能在一个晚上拉 1000 人来听你的歌，我们就赞助你发展。

当时的她，在日本根本没有任何影响力，想着日后的前程，她还是咬牙答应了。她奔到闹市中心，尽管说破了嘴皮，但答应晚上过来听她唱歌的人依然寥寥无几。眼看着时间慢慢过去，她情急之下就在街道上唱了起来，没有麦克风，就把拳头紧握。

冬天的深夜，气温已经降到零下七度，衣着单薄的她在寒风中瑟瑟起舞，一张嘴巴冻得发紫。她唱完最后一首歌，倒在了地上，一位老年人实在看不下去了，赶紧从家里找了件衣裳给她穿上。然而，就是这样，最后来场观看的仅有 93 个人。她哭了，整个场地都回荡着她撕心裂肺的声音：我也想唱歌！

三年后，凭着自己顽强的坚持，她终于拿到年度最佳新人奖，也开了首场演唱会。一次，她和一个韩国艺人聊天，对方问她为什么不回韩国发展。她说：我走了，U1traCats 组合就没法继续了。那位艺人很严肃地说：一个组合能比家更重要吗？就是这句话，让她动了回家的念头。

2003 年，她终于回到了阔别已久的祖国，她很快在综艺节目中大显身手，情书、XMAN 一度成了她尽显才华的领地。她也以搞笑、活泼的风格赢得了观众的一致好评。那时，走性感路线的女星在韩国还不多见。与大多数艺人不同，她勇敢地跨越了这个雷区，走在了时尚的前面。打开电视，到处都是关于她的报道。她说过她真的很想唱歌，她也说过希望大家能像看普通人一样简简单单地看她。但让她万万没有想到的是，观众并不接受她，各种恶言冷语像尖刀一样刺痛她。好几次演出，她都是在一片骂声中坚持下来的，她的每一步都走得艰难。但她不曾放弃，她也从没有停止努力。在一次万人演唱会上，因为她的性感出场，很多人都开始起哄，还有人跑上舞台，场面非常混乱。突然有个老人从人群里走出来，主持人马上把话筒给他，老人说："我了解我的女儿，她并不是那种人，她很善良。"这个场面出乎所有人的意料，大家一下安静下来。而她哭了，看到父亲这样爱护自己，她说了一句话，这句话后来也成为了她的座右铭：我坚信，努力就能看到真心，到哪里都能得到大家的爱。也许是真情感动了大家，这是她走性感路线后，歌迷头一回静静享受她的音乐。其后的两年，她用真诚扭转了大家对她的偏见，成为韩国性感坦率的代表。之后她又专攻舞蹈，成为韩国著名的舞蹈天后。

2007年，她开始进军主持界，凭着超强人气，担当了 KBS、MBC、MNET、阿里郎 TV 等多家媒体的大型综艺主持人。她的出现也成了电视台收视率和满意率的保证。2008年，她开始进军时尚领域，以时尚品牌 CEO 及设计师的身份出现在公众面前。以她的名字命名的帽子风靡了中韩两国，产品已经更新到第 20 代。她还被任命为"SBA 首尔时尚中心"宣传大使。

从 2000 年开始追逐唱歌梦想到现在，她经历太多令我们无法想象的困难。从参加选秀比赛到成为当红歌手，从节目主持人到舞蹈天后，再到时尚设计师，她的每一次转型，都给我们惊喜和震撼。而音乐，一直是她灵魂里最感动我们的部分。正像中国发生地震后，她跑到香港进行募捐演唱时所说的那样："自从我第一次踏上舞台，我就知道舞台就是我的一辈子。但我还是第一次感受到，原来音乐也能有这样的魅力。所以一直以来，我都在坚持自己的梦想，一步一步，我相信我能走出自己的别样人生。我坚持下来了，所以我成功了，我希望你们也能坚持下来，因为努力就能看到真心。"

她就是蔡妍，到极限也决不放弃的蔡妍！

每个生命都是一种行走

罗伯斯是古巴著名的田径运动员，他被誉为古巴运动史上最伟大的英雄，而这一切都是因为在奥运会上，他创造了 12 秒 87 的成绩，并一举打破了刘翔所保持的世界纪录。

然而很少有人知道，在此之前的两个月，他经历了一次死里逃生。

生活中的罗伯斯喜欢聚会、音乐和跳舞，尤其是对旅游情有独钟，他从小的理想就是做一次环球旅行。但是由于训练和比赛，这一理想始终没能实现。

2008 年 5 月，他认为时机终于到了。

背上厚厚的旅行包，他坐上了到埃及的飞机，他的第一站是金字塔，最后一站则是中国北京。如果没有出现意外，他到北京后还能参加为期半个月的封闭训练。

到埃及下了飞机，他没有坐汽车，而是选择了一路小跑。凭着良好的身体素质，不出半日，他就前进了 30 英里。

中午，他简单地吃了一点干粮，给母亲报了个平安，准备继续前行。按照计划，他将在晚上 6 点到达金字塔，到时可以美美地吃上一顿丰盛的晚餐，当然还可以喝到他最喜欢的香槟。

然而，他没有料到，一个巨大的旋涡竟然会在他身后五百米外形成，并以箭一般的速度向他扑来。来不及思索，他本能地往下一倒，但还是没能躲过。

半个小时后，他才从昏迷中醒过来，他被带到了另一片沙漠里，地上一片狼藉，除了一瓶水和三个散落的饼干，风暴什么也没给他留下。更为糟糕的是，他迷路了，他不知道眼前这一片浩瀚的沙漠何时能走出去。

他吃了一个饼干，等身体恢复些力气，他才起身。此时的罗伯斯清楚地知道，不管有多么艰难，他都必须走出去，否则将永远没有在"鸟巢"一展雄风的机会了。为了能节省体力，他不得不放慢速度。

下午，天气变得异常炎热，他渴得厉害，但他一直忍着，只有在感觉难以支撑的时候，才小心翼翼地打开瓶盖，轻微抿一口，然后，快速地盖上。

一个下午加一个晚上，他不知道自己走了多远，第二天天亮的时候，他依然看不见尽头。前后左右，都只有讨厌的黄沙。

后来他实在支撑不住了，找了稍微安全的地方躺下休息，一个小时后，他继续前进。累了就倒在沙子上睡会，醒了就继续走。到了第三天下午，他已经什么都没有了，为了生存，他不得不把自己的尿液装在了瓶子里。至于吃，他只得寻找沙漠里那些稀有的小草，揪一把就塞进嘴里。此刻，骆驼拉下的一团干粪，对他来说已经是最丰盛的晚餐了。

就是在这样恶劣得让人难以置信的环境里，罗伯斯整整坚持了十天。与炙热的气温搏斗，与随时席卷而来的龙卷风斗智斗勇。

在最后一天的行走中，他突然看见沙波的那面有个巨大的湖泊。他像狼一样奔过去。前面是很多一段一段的水草地，他大踏步走过去，他没意识到灾难再次来临，直到身体猛然往下沉，他才慌了，但越是挣扎，就越陷得深。

他忽然想起小时候看过的电影情节，脑子立刻冷静下来。他尽量把身体展开，来增大身体的浮力。五分钟后，他听到不远处有说话的声音。他大声呼叫起来，很快他就听到了对方的回答。

他得救了。他也成为了第一个经历了两场浩劫都能大难不死的体育明星。

在医院休整了两天后，他给父亲打了个电话。

面对闻讯而来的媒体，他深有感触地说："这10天比我20年的收获还要多，因为我学会了一步一步地生活。我永远都不知道出路会落在脚下的哪一步，所以我只得向前，再向前。其实，每个生命都是一种行走，坚持走下去，才有自己的出路，做人是这个道理，做事也是这样！"

为奔跑的人生找出口

　　他出生在台北市一个普通的工人家庭，自从他来到这个世界上，不幸就一直伴随着他。他2岁时，就开始终日与药为伍。

　　幼小的孩子，哪想受这种煎熬，他不能理解，也无法接受，父母为了劝他喝药，想尽了办法，到最后干脆撬开嘴灌。

　　因为患小儿麻痹症，他喝了整整四年药。直到他7岁，父亲凑齐了医药费，才带他到马偕医院接受手术矫治。等他能拄着拐杖走路了，母亲便带他来到日月潭。第一次走到户外，他拼命地呼吸着清新的空气，一脸兴奋。母亲帮他拿出了画笔，这是他这几年最大的爱好了。不出数分钟，他就画好了一幅画，交给母亲，他说这辈子最大的理想就是能做一名画家，用自己的笔，抒写快意人生。母亲摸摸他的头，笑了。

　　8岁，他开始读小学，他谨记着在日月潭许下的愿望，努力地读书。本来歧视和嘲笑他的孩子们，也都被他顽强的毅力征服了，他成了学校的人气之星。10岁，他代表学校参加台北市少年美术大赛，一举获得一等奖，接下来又是作文大赛一等奖，朗诵大赛一等奖……他的身上积攒着太多的荣誉，正如他自己所说的那样："因为幼年受过太多的苦，现在的我才学会了爱和珍惜。"

　　从少年到青年，轮椅上的他一直以微笑接纳着一切事物，他的这种宽容和乐观的精神不断感染着从各地而来的一批又一批的新朋友。

　　22岁时，他从台北工专毕业，进入工程公司工作，看着这么一个连路都走不稳的人，公司犹豫了。但是他们很快发现，别人能做的，他也能做，而且比别人做得更好、更优秀。他在工作上全力以赴、锲而不舍的精神，让老总颇为欣赏，破例提出给他加五成的工资，但被他委婉拒绝了。

　　因为身体不便，他不能适应公司打卡上班的制度，一年后他转入了一家广告公司，负责开展广告探险活动。因策划了一系列成功的案子，他被视为广告界最耀眼的新星。但他不久后就离开了广告界，开始进军娱乐界。不久后父亲病故，对他的打击非常大。沉寂了一段时间后，他流着泪对记者说："如果命运是无法改变的，就像父亲的死，就像我注定是歌手……那么，不论用泪水还是笑容，我都要接受。"一年后，他就推出了自己的第八张专辑《烟斗阿兄》。

　　是的，他就是20世纪90年代在大陆最具影响力的歌手之一——郑智化。1999年，在艺术上达到鼎盛时期的他，突然宣布退出歌坛，进军IT行业。很多人对此不解，他却笑着说："母亲从小就叮嘱我，因为你身有残疾，要想成功，就必须时刻跑在别人的前面。这些年，我一路坚持走来，并且不停地选择在最辉煌的时候变换角色，无非是在为奔跑的人生找下个出口。"

第三章

挺得住，
世界就是你的

梦想没有时间表

　　2007 年，80 岁的老人李品贤站在了中山大学的门口，目光停留在来来往往的大学生身上，久久不肯离开。李品贤的心里突然产生了一股强烈的读书愿望，在她看来，如果能重回学校，重新享受学习的乐趣，不失为度过晚年的最好方式。

　　因为家庭不富裕，李品贤高中毕业后，就开始工作了，曾先后在广西融安县中学、浮石镇中学工作。但在她的内心深处，她一直藏着一个梦想，那就是去大学深造。为了这个梦想，李品贤曾多次给广西的几所大学写信。那个年代，她所在的地方还没有邮政局，为了寄信，她得骑着自行车，奔波 50 公里，到另外一座城市邮寄。即使这样来回折腾，李品贤也一直没有放弃，十年中，她不知写了多少信，跑了多少路，但都石沉大海，没有回信。李品贤意识到，她之所以不被接受，一定是知识有所欠缺。于是李品贤不再发求学函，她把最执着的梦想放在了心里，她开始拿起书，不断地给自己充电。

　　恢复高考的第二年，李品贤的心里又蠢蠢欲动了，此时，她已经是两个孙子的奶奶，她的经济并不富裕，要照顾好两个孩子，生活的艰难可想而知。她很想去参加高考，但她又不忍心让年幼的孩子受苦，她只好对自己说，只要肯坚持，上天总会眷恋有梦想的人。

等孙子长大成人，李品贤才猛然发现，她已经鬓发苍白，压抑在心底几十年的读书之梦再次涌了出来。2006年3月，李品贤突然看到电视上有一则报道，一个70岁的老人勇敢地跑到学校里，和孩子们一起读书写字。老人说，因为家穷，他从来没读过书，能学几个字，是他这辈子最后的愿望了，他不想带着这个遗憾走。老人的举动和激情，深深感染了李品贤。她想，既然他都能勇敢地迈出这一步，自己为什么不能呢？当天晚上，她就和儿子说了自己尘封多年的梦想。

儿子被母亲的执着深深打动了，感慨良久，儿子说："梦想没有时间表。我们支持你。"有了儿子的支持，李品贤更加坚定了自己的想法。

深思熟虑后，李品贤决定读研究生进修班。为了保险起见，李品贤找到了中山大学中文系，在说明来意之后，李品贤得到了一个面试的机会。对此，李品贤早有心理准备，这些年来，她一直都没丢下自己的古文专业。一周后，李品贤接到了中山大学的电话，她顺利通过了学校的面试，正式成为研究生进修班的学生。

2008年3月，李品贤坐到了大学的课堂上，开始了为期三年的学习。她要学习的课程有10门，其中最难的是英语。为了学好丢了60年的英语，李品贤每天都带本英语小字典，一有空闲就拿出来看，李品贤最终顺利通过了学位英语考试。3年来，李品贤用心珍惜着学习中的每一分钟。即使是每天凌晨5点起床，换三次车才能赶到学校，她也无怨无悔，因为，那是她的选择，她的梦想。

2010年4月18日，是李品贤一生中最难忘的日子，这一天，她将参加最后一门课程的考试，顺利通过就可以毕业。当拿到红灿灿的毕业证书时，李品贤忍不住流下了兴奋的泪水。60年了，60年的努力，终于得到了回报。那一刻，她心里默默念着的只有一句话：梦想是人生的灵魂，你要对自己的人生负责，就得无怨无悔地去追逐自己的梦想。

李品贤，一个83岁的老人，甘愿为了美丽的梦想而一直坚持着。天道酬勤，这个83岁的女人，用60年的努力，终于使美梦成真。她的经历也告诉我们，梦想的实现，其实没有时间表，只要肯努力，每一朵鲜花都能顺利绽放。

在困境面前微笑

　　每天，我都要经过银行，在银行门口的大树下，有个补鞋的摊子，摊主是个男人，看样子就是个老实巴交的人。每次我经过时，他总是朝我友善一笑，虽没聊过，却感觉很亲切。

　　终于有了一次交流的机会，那次是我的鞋钻掉了。我拿去找他。正是中午，我看见男人的前面放着一只碗，大概是刚吃完午饭。男人想站起来走走，看见我，连忙微笑着招招手，然后又坐下。我急忙把鞋递过去，男人看了看说，你要是急的话，我就先用胶水帮你粘粘，要是不急，我用针线缝一下，这样才牢固。

　　我说不急。男人便笑了。男人找出一根大针，然后穿上线。男人的动作有点慢，但我并没有因此而不满。男人找了块牛皮搁在自己的大腿上，这时我才发现他的两条裤腿下面都是空的，很明显，他是个残疾人。

　　"你每天是怎么过来的？"我惊讶地问。

　　"每天早晚，妻子都会用板车送我来回。"男人看了看腿，然后笑了，"我的妻子也在这个城市打工，当然我的两个孩子也都在这个城市。"

"他们都很听话吧？"我又问。

男人的眼睛亮起来："是的，每天放学后，他们都会来这里等我，一起回家。你也知道的，现在这个年代的孩子，叛逆心都很重，但是他们让我很放心，他们还说一定要考上大学。"

说话间，男人试图用针穿破鞋钻，但是失败了，男人并不灰心，而是继续努力着。

"你有一双那么听话的孩子。"我忽然羡慕起他来了。

男人说："是的，他们很听话，但你也知道的，两个孩子读书，再加上其他开支，我的妻子负担很重，所以我必须出来修鞋。不过我的水平比较差，总是给顾客添麻烦。"

男人忽然有点自卑起来。

男人大概花了半个小时，才帮我弄好鞋，说实话，男人笨拙的手把我的鞋子弄得很糟糕，但这并不妨碍我的好心情，回来的时候，我还看见几个邻居一路兴奋地朝他那边走。

跟同事聊天时，才知道男人是在两年前残疾的，那次，是为了救一个乱穿马路的女孩。男人从此失去了双腿。同事也是从一个记者那听到这个故事的，后来，他们的鞋坏了，总是去找男人补，尽管他的手艺不太好。

"你不要以为这只是一种施舍，"同事说，"每次和他聊天，我们总能收获一份好心情，我想，这份快乐，也绝非一两元能买到的。"

我不得不承认他说得很有道理。

第二天下班，我路过时，他突然向我招手，他的身边还站着两个孩子。

"也没什么好送给你的。"男人有些腼腆地说，"那天你的鞋修得不太好，我这里有两束野花，我家的后面就是个山坡，所以我让孩子摘了些，希望每天都能给你带来好心情。"

两个孩子送过来的时候，我看见他们的脸上都洋溢着快乐的笑容，男人也在笑，因为他们知道，在困境面前微笑，不仅仅是一种勇气，更是对亲朋和家庭的一种责任和义务。

如果你足够强大，没人敢忽视你

那一年，我 15 岁。中考过后，我拿到了一所中专的录取通知单，亲朋好友都前来祝贺，可我心有不甘。我对父亲说："爸，我想读高中，读大学。"父亲说："要是送你一个读，我愿意，可是你哥哥现在从广州回来了，他也想读高中。"父亲说的是实话，以家里当时的情况，难以供两个人读高中。而且父亲也担心，要是我读高中谈恋爱去了，考不上大学，那岂不是得不偿失。所以，虽然跟父母闹了一个月，最后我还是乖乖地去了中专。

进学校后，我非常努力，年年都拿奖学金，中专毕业后，我顺利拿到了文凭，拿着烫金字的学历证，我以为能进一所好的学校当老师，结果却被分配到一个连名字都没听说过的偏僻小学。

从小学回来，我忍不住向父亲抱怨这个社会的黑暗。父亲沉默了一下问："你看见很多人都提着礼物去报道？"我点点头。"别人中专学历都被分到中学或者中心学校，而你却被分到一个很偏僻的小学，你心有不甘？"我再次点头。父亲拍拍我的肩膀说："孩子，光有学历还不能说明你的优秀，你要记住一句话，如果你足够强大，没人敢忽视你。"

从家到小学，足足有 15 公里，我每天 5 点就出发了。在学校里，我教两个班的数学，又是补课，又是家访，我无怨无悔。一年后，凭着全镇第一名的成绩，我被调到一个小学任校长；两年后，我进了中学；3年后，我考上了四川一所大学的研究生。

那是我第一次出远门，父亲说："要不要我去送你？"我摇头。父亲又说："那你好好念，我希望，你能通过这次进修焕然一新。"我郑重地点了点头。

站在庄严的教学楼前面，我像个孩童一般兴奋，但我没有忘记父亲的话。图书馆里，我比任何人待得都晚；教室里，我比任何人听得都认真。3年后，当许多同学都在为找不到好工作而后悔读研究生时，我却成了许多学校争抢的对象。更重要的是，我还成了学校里小有名气的作家，不仅能靠稿费解决自己的生活问题，还靠出类拔萃的文字能力换了两份工作。

一年后，在许多人的劝阻声中，我毅然回到了生我养我的家乡，成了一所高校的教师，而现在，我又在为考博而加紧准备。

很多人不解地问我："你现在都功成名就了，为什么还如此努力？"我的回答只有一句："因为我还不够强大！"

是的，这个世界上确实有许多阴暗的地方，如果用鄙视的眼光去看，你只会让自己更消极。既然改变不了现实，何不改变自己，让自己足够强大呢？你要坚信，如果一个人才华横溢，是没有阴暗和乌云能够将其遮盖住的。而且更重要的是，在艰难的环境中，你还能养成一种乐观向上的生活态度，两全其美，何乐而不为？

每一朵鲜花都朝太阳奔跑

那一年，我初三毕业。母亲得了一场大病，花光了家里所有的积蓄。眼看着开学的日期越来越近，但我和哥哥的学费依然没有着落。父亲把旱烟袋抽得啪啪直响，但里面没烟，父亲抽的是无奈和焦急。

父亲只好去借高利贷。说实话，我是不愿意去读师范的，我想读高中，读大学，但在那个生活窘迫的年代，那只是一种奢望。父亲希望我能早日出来工作，以缓解家庭沉重的压力。

入学后，家庭贫寒的我，很快成了大家嘲笑的对象。吃饭的时候，我只能跑到偏僻的教学楼顶层，啃着冰冷的馒头，唯一的菜肴是从家里带来的咸菜。班上自发组织的活动，我是从不参加的，因为没钱，我只能躲在寝室里，看书或者胡乱写些文字。

不过，我也有让大家羡慕的事，那就是我写得一手好毛笔字，还有我经常能在学校的校报上发表几篇文章，这让我能在别人那里找回点自尊。

毕业那年，学校准备组织一批有书法功底的学生去省里参加培训。班主任推荐了我，考虑到我家的情况，班主任还特意向学校申请，减免我一半的费用。尽管如此，剩下的钱，对我来说，依然还是一笔天文数字。

消息传到班上，很多人恶意攻击："瞧他这个德行，穿的还不知是哪个垃圾堆里的臭鞋，还想鲤鱼跳龙门，500块，出得起吗？"

一直以来，我穿的都是一双雨鞋，被割掉一半的雨鞋。是入学那会儿，母亲给我做的，她说："城市里的人都穿皮鞋，咱买不起，我就给你做一双穿上，照样神气，不输给城里人。"于是，在同学们冰冷的目光里，我照样把鞋子踩得噔噔直响，一脸傲然。

我很想去参加培训，那些天，我一直都在做一个同样一个梦：我站在雄伟壮观的展会大厅里，手捧着书法比赛的最高奖项，下面是那些曾鄙视和嘲笑我的同学们，他们羞愧地低着头，我的心飞了起来。

父亲打电话过来，他还是那句话——"就算砸锅卖铁也要支持你。"于是，我期盼着父亲能早早把钱送过来。等了三天，仍没见消息，离最终确定的日子，只剩下一周了。班主任再次找我，问我有什么困难。我咬咬牙，说没有。背后传来一阵笑，无知的坏笑。

中午时，突然有人叫我："你爸在门口等你呢。"我反问："你怎么知道是我爸爸？你又没见过他。"同学摆出一个拇指向下的手势说："那还不简单，和你一样穷呗。"跑到门口，果然是父亲，他手里提着一大袋黄米粉，说："这是你母亲给你做的，香着呢。要搞好同学关系，好东西不要只一个人独享，所以你妈妈让我多带点过来。"我反驳说："他们才不稀罕这些破东西呢。"我看见父亲本来笑容满面的脸一下子落寞了，良久，他才说："儿子，咱家是穷，可也穷得有骨气。"

我留父亲吃了一顿简单的午饭，到走的时候，父亲依然只字不提 500 元的事，我忍不住提出来，父亲从身上摸出一小团烟草，塞在烟枪里，划了几根火柴，才点燃。父亲在青烟里平静了一下心情，他说："孩子，只要你画得好，终究能出人头地，何必在乎一场培训呢。"然后，他用不知从哪里学来的一句话补充："如果你是鲜花，你总能朝着太阳奔跑。"

父亲的话，其实在我的意料之中，但我还是哭了，为自己没有能在同学面前潇洒地抬一次头。班主任再次找我，我没有说是因为家里出不起钱，我只是说我想写一部长篇小说，我有志朝这方面发展。

就在培训团出发的当天，电视上报道，附近的一座黑煤矿发生瓦斯爆炸了，死了好多人，母亲的电话也来了："你爸说去井下给你赚培训费，回来没有？"我顿时觉得天昏地暗，连忙朝门口跑去，不远处一个熟悉的人影跑过来，正是父亲。他脸上的胡须很长了，一件衬衫已经破了，手上还有道道鲜明的伤痕。

父亲不安地说："有没有耽误你的行程？你快去吧，我把钱带来了。"我一把扯住他的手，泪流满面："爸，你怎么能去冒这么大的危险，要是你不在了，我可怎么办？"父亲搓着手说："孩子，你爸不是个言而无信的人，答应你的事，我就尽力做到。我运气还好，刚上来，就爆炸了。"父亲说完要去找我的班主任，我说："爸，我早想通了，我不去了。您不是说过嘛，是鲜花总能朝着太阳奔跑，我相信我是一朵傲人的鲜花。"

那一刻，我才真正觉得自己长大了。后来，我参加了省里组织的青少年书法比赛，获得一等奖，还接受了电视台的采访。当我捧着金灿灿的奖杯回学校时，所有同学都对我刮目相看。

读师范的第三年，我凭着优异的成绩考上了湖南师范大学，再后来就是硕士、博士。今年，我又出版了我的第一部长篇小说。我真的在朝着太阳奔跑，是父亲给了我信心和勇气。

父亲，我的茎和根都在你那里，因为爱，我才能勇敢地朝着太阳奔跑。

每个人都是一座城堡

她是一名导游，由于才思敏捷，口齿伶俐，深得游客的欢迎，入行仅两年，就成了旅行社的红人。2007年，她被评为重庆市最受欢迎的导游之一。

那天，她本来是请了假去陪父母的。工作以来，她已经有一年没有回去看望父母了。她感到深深的愧疚，前不久，母亲病了，住进了医院，她答应父亲，尽快回去。可一个旅游团的游客点名要求她带团，她也没再坚持回家。

和旅行社的领导告了别，她带着11个游客上了路，目的地是汶川。一路上，她为游客们精彩地讲解着汶川的历史典故，不时赢来阵阵掌声。

中午12点，他们在都江堰的酒店里用完午餐，继续上路。

这时，她忽然觉得心头堵得慌，她以为是晕车，就没放在心上。但她没料到，一场大灾难正悄悄来临。车还没驶出友谊隧道，就急剧晃了起来。两边的路面上到处是飞溅的石头，凭经验，她敏锐感觉到是地震来了。她马上把这个消息告诉了游客，不过，她的语气平缓而冷静。

为了活命，她叫司机加大车速，因为只有这样，才能避免塌方带来的厄运。车子刚刚跑出隧道，她就听见后面轰的一声，从后视镜里，她看见很多小车都淹没在废墟当中了。

她准备打个电话，向旅行社求救，但是她发现，手机已经失去了信号，这时是下午2点30分，更为糟糕的是，天空飘起了雨，周围的泥石流也猖獗起来，不时有小石头砸在了他们的车上，挡风玻璃都被砸碎了。

两分钟后，车子开到了一条河边，前面已经没有路了。所有的人都下了车。

恶劣的环境再加上食物的短缺把他们推到了绝境。此时，无助的她知道，当下的情况，除了自救，他们已经找不到其他办法了。

为此，他们不得不顺着河边徒步往回走。路滑，她们就手牵着手一步一步慢慢走；粮缺，她向附近的村民借了两斤米，给大家熬粥吃。晚上，她找来一块薄膜，让妇女儿童睡在里面，自己和男同志围在外面，挡风遮雨。

天刚蒙蒙亮，他们便起程，继续朝前走。她坚信，他们一定能脱离危险，平平安安回到重庆。

在常人难以想象的跋涉中，他们却获得了与灾难搏击的快乐。与肆虐的泥石流争分夺秒，与倾盆的大雨周旋，与频繁发生的余震搏斗。虽然，计划完美的旅行变成了一场逃难，但他们仍然表现得自信和快乐。

最后的厄运，在路过紫屏铺水库时再次降临。强烈的余震使水位暴涨，狂风又挟裹着暴雨打来，好几个旅客都跌进了湍急的河流中，生命悬于一线。她立刻让其他人脱下衣裳，把衣裳卷成一根绳索。没有人会想到，在这样的情况下，她还如此镇定，还如此心向着大家。然而她做到了，所有的人也因此获救了。

他们也成了距震中最近，逃难公里数最长，同时也是零伤亡的团队。她以非凡的勇气、卓绝的智慧，创造了一个生命的奇迹。

回到重庆后，她受到了不少人的追捧，她很快就成了"明星"，不少媒体想方设法去采访她。有记者问及她此行的感受，她只说了一句话："在灾难面前，每个人都是一座城堡，连起心来，就能不断创造生命和爱的奇迹。"

这是一个真实的故事，发生在 2008 年 5 月 13 日，她是重庆海纳国际旅行社的导游，陈敏。

灾难里的上帝

中午，他把电脑打开，匆匆处理了一篇实习生的实习总结。今天是周一，他得赶去医院，那里有一个非常重要的手术，他是助手。

像往常一样，他和 5 名同事一起把病人推进了手术室。这是一个化脓性阑尾炎手术，刻不容缓。

然而，他没有想到灾难竟然会从天而降。手术进行到一半，房屋突然一阵剧烈的震动，手术台都在来回晃动，他赶紧死死压住床，喊道："地震！"可只是瞟了一下门口，没跑。

所有同事也没动，他对病人说："没事，我们都在。"稳定了病人的情绪，他继续手术。

门只距离他一米，可他压根没有想过要跑。

余震不断袭来，他们被迫中断了好几次，每一次暂停，他都习惯性地拍拍病人的肩膀。为了抓紧时间，他让护士取来应急灯。剧烈的震动再次来临，他倒在了地上，好一阵子，他才爬起来。

他没有说话，继续手术，手术像平常一样有条不紊。艰难的半个小时终于过去了，手术也完成了，他们是这个医院最后撤走的一批。

下了楼，空阔处已是人满为患。他看见了妻子，双目对视的刹那，他们都没有说话，但是他的目光已经告诉她，我还活着。

很多人都不敢相信：在地震随时会带走生命的时刻，还有人把工作看得比生命更重要。

但这是一个真实的故事，发生在 2008 年 5 月 12 日，都江堰人民医院。故事的主人公名叫陈峰。

他告诉记者："即使是灾难来临，他也从没想过要中断手术，因为做完手术是医生的职责。"

他们毫发无损，这不能不说是一种奇迹。我想，因为深爱，才会有奇迹发生，用爱去坦然面对灾难和逆境，上帝也会对你特别眷顾。

4 毫米的勇气

　　她是个旅行家，她最大的梦想就是沿着美国的边界徒步走一圈。她认为这是一次史无前例的野外旅行。为了这个梦想，她整整做了一年的准备，在正式离职以后，她认为时机到了。

　　那个秋高气爽的早上，她上了一家旅行社的汽车，目的地是芝加哥。在那里，她将开始她全新的旅程。一路上，大家都尽情欣赏着路两旁的景色，笑声不断，谁也没有意识到即将到来的危险。

　　晚上，大家一起享受了一顿丰盛的篝火晚餐，之后车子上了路。也许是因为旅途的疲惫，大家很快进入了梦乡。

　　但大家万万没有想到，厄运就在这个时候降临。车子砰的一声，撞坏了护栏，直冲入水中。很多人惊醒过来，大孩小孩都慌成了一团，哭声一片，大家都往车门方向跑。当时她正坐在后面，她站起来，下意识地往前跑，才半步，她便停住。她猛然想起初中学过的知识，车落水应该是前面先进水。如果这个时候一窝蜂往前面跑，只会增加危险。她望着前面乱成一团的人们，忽然冷静下来。她开始用力地敲玻璃，因为她知道，这个时候如果敲不破这4毫米厚的玻璃，等车子完全进水后，就再也没有机会了。

　　她掏出随身携带的一把水果刀，使劲锤。一下，两下，三下……手出血了，一滴滴落下来，但她没有放弃。她告诉自己：只要想活，活下去的勇气够强，决心够坚定，就一定有生的希望。也不知锤了多少下，她终于听到了玻璃破碎的声音。

　　她迅速拿了个海绵枕头，开始喊前面的人，但是这个时候，她微弱的声音无法让别人注意到。她不再犹豫，从破玻璃处跳了出来。

　　最后的厄运降临。由于不会游泳，再加上漆黑一片，她根本不知道如何是好，划着划着身体就沉了下去，生命悬于一线。为了不让自己喝水，她一只手捏着鼻子，沉到水底后她就用力蹬泥土，好让身体浮到水面，这样沉下去浮上来4个来回后，她发现自己靠岸了。没有人会想到，在这样的情况下，她还如此镇定。然而她做到了。

　　她遇到了救援队。没有人敢相信，这个与水搏斗了2个多小时的姑娘，除了有些疲倦，其他一切都很正常。

　　获救后第二天，她给家人打去电话，她告诉家人自己还活着。

　　很多人都觉得这样的事情像天方夜谭，但是她做到了，她也知道凭她一个人的力量，要想敲碎那4毫米的玻璃确实是件难事，但是如果不这样做，她也只能像其他人一样，在混乱中死去。事实证明，她的选择是正确的。

　　有记者希望她能把逃生的经历告诉大家，她只说了8个字：坚强、冷静、乐观、自信。

　　这是一个真实的故事，发生在 2008 年 7 月 7 日，她是这次灾难中唯一幸存的人。同时那天也是她 28 岁的生日。她的经历告诉我们，只有坦然去面对灾难和逆境，并锲而不舍地奋斗，才会创造奇迹。

灾难也是一种人生

他从来也没有想过，灾难会降临在自己身边。

那个下午，和往常一样，他和一群混混在街上游荡，父亲说，在外打工的两个姐姐会回来，让他去汽车站接。

他看看表，快步走向汽车站，刚到，就听人说，高速公路入口处出车祸了，他心突然一紧，发疯似的朝前跑。

一公里外，一辆长途汽车撞到了民房，地上横七竖八地躺着已不能呼吸的人，他心惊胆战地跑过去一看，发出一声尖叫，当场就晕倒过去。

两个姐姐的离去，顿时让这个贫穷但幸福的家庭陷入悲痛。母亲日哭夜哭，哭到嗓子都哑了；而父亲，有事没事总朝南方望着，抽着烟，也不说话，有时一望就是一个晚上……

那一年，他才10岁，是自由自在的年纪。本来他是家里最调皮的，出了什么乱子，姐姐总给他兜着，而现在他突然觉得人生失去了方向。他选择了逃避，一周都没去上学，把自己关在房间里，不吃也不睡。

可是忽然有一天，父亲强行打开他的门，逼他去上学。他不去，他说没心情去。父亲火了："你不去，你姐姐就能回来吗？逃避，只是懦夫的行为！"他呆住，惊讶地望着父亲，因为他从不觉得自己是一个胆怯的人。父亲把他抱起，一字一句地说："从今天开始，你给我好好读，你是我们唯一的指望了，不要给我们、给你的两个姐姐丢脸。"

看着父亲坚毅的目光，他毫不犹豫地点头。他一直相信，他的姐姐没有走远，正在天堂里看着他。那一刻，他忽然觉得身上的担子重了起来，自己也变成了大人，他下意识地摸摸自己的肩膀，又看看天。他终于明白，如果灾难也是他人生的一部分，那么他也必须像他的父母亲一样，勇敢地去面对，迎接，乃至跨越。

从此，他就像变了一个人，不逃课，也不打架，遇到不懂的问题就往老师办公室跑。老师们都惊讶于他的表现，问他，他只是微笑着指指天空。回到家，他也勤奋地帮父母做事，为他们排忧解难。看着儿子这么懂事，父母的脸上也渐渐露出了笑容。

他叫杨光全。研究生毕业后，他担任光华集团驻欧洲总裁。面对媒体的采访，他不止一次感慨道："没有父亲的当头棒喝，我也许就一直堕落下去了。所以我今天的成就，都是父母赐给我的，因为，是他们教会了我怎样去面对灾难和人生。"

是的，灾难何尝不是一种人生，与其逃避，还不如勇敢地去面对，迎接乃至跨越，不管结果如何，只要你在努力，你在向前跑，你永不放弃，你的人生就活得有意义，你才能铸就自己的光辉明天。

每个人都是自己的上帝

　　他出生后不久，就得了场大病，医院都下病危通知书了。但最后，他还是奇迹般地活了过来。只是留下了瘸腿的后遗症。

　　他六岁那年，父亲和一个女人私奔，卷走了全部的家产，留下他们三兄弟和母亲相依为命。由于经济拮据，他到 8 岁才开始上小学。尽管学习很努力，但由于家庭事务分心，他的成绩一直排在倒数几位。尤其糟糕的是，他在身体上的残缺常常引发同学的嘲笑和捉弄。因为这，他感觉很自卑。

　　14 岁那年，他进了纽约一个比较好的中学读书，他跟随学校最有名的老师画画。他以为他的命运能从此改变，却不料一场大病让他在家里休息了一年。画画的事情也打了水漂。

　　他不信自己就那么不顺，他索性退了学，他对母亲说，你们看着吧，不出十年，我将成为美国最有钱的人之一。在家人看来，他的话只是对贫穷的一点毫无意义的安慰，因为，那时，他一无所有。

　　他拿着亲朋好友凑的 200 美元，一个人到了洛杉矶。在那里，他认识了一批和自己一样抱着发财梦的年轻人。

　　然而，一年拼搏下来，他没有赚到一分钱。在一连串的挫折中，他开始反思自己。1993 年，他和一个朋友合伙开了一家公司，当年他赚到了第一桶金——9000 美元。

1995 年，他已经有了 100 万的财富，但他还不满足，他跳出来，自己成立了一家投资管理咨询公司。

他就是丹尼斯·蒂托，全美第三大投资管理咨询公司威尔希尔集团的创建者。2001 年他支付了 2000 万美元，成为人类历史上首位自费的太空游客。

他常对公司员工说的一句话是："卑微和挫折，在一个人的梦想面前根本不算什么，鄙视它，每个人都可以成为自己的上帝。"

是啊，没有一种成功是可以必然实现的，但是只要你敢于积极进取，每个人都是自己的上帝。

开启另一个世界的大门

他并未打算进电影圈，20岁那年他想进军地产界，失败了。

30岁那年，由于家族的影响，他被迫继承了父亲的事业。但是，他没有像别人一样一直经营家族生意。他给别人写剧本，直到42岁那年，他第一次执导电影，没想到一炮而红。

他尝到了甜头，从此一发不可收拾，他在11年间虽只拍了4部电影，但部部得奖，其中《看着我的嘴唇》《我的心由于跳动而停止》等经典作品，风靡世界。《我的心由于跳动而停止》更是获得第31届法国电影凯撒奖的全部八个重要奖项。他叫雅克·奥狄亚，许多人称他是正试图将文学重新带回电影最为成功的人。

成名后，有记者问他："奥狄亚，很多人都想知道，你为什么不借助家族的背景早日达到成功的彼岸呢？"

奥狄亚听了，微微一笑说："我从没想过要得到先辈的荫庇，我也不认为先辈的成功能对我有什么帮助，毕竟这是我自己要走的路，能走多远还是得看自己的本事。所以我每天都在努力，我想总有一天我能达到成功的彼岸。因为成功是没有时间表的，只要我在用心，我每天都在接近彼岸；只要我不放弃，终有一天，当我弹一下手指，我就可以开启另一个世界的大门。

生命中最美的姿势

　　19 世纪的一个冬天，在芬兰西南部小城考哈约基的一个露天广场上，乔丽斯的个人演唱会正热闹地进行着，这是她的第一场个人演唱会。盛装的乔丽斯在万众瞩目下格外迷人，她的歌声有如天籁，观众陶醉其中，尖叫声、呐喊声此起彼伏。

　　乔丽斯正欲表演一段舞蹈，以此来结束这场精心准备了三年的演唱会，然而意外发生了，乔丽斯捂着胸部蹲了下去，再也没能站起来。乔丽斯被送到了医院，经过检查，医生告诉乔丽斯和朋友一个不幸的消息，乔丽斯患上了系统性红斑狼疮，晚期，医生说，她的生命不会超过三年。

　　那一刻，所有人都愣住了，凡是听过她音乐的人都坚信，不出三年，她绝对可以红遍西班牙，甚至红遍欧洲，而现在这种期待却被医生的诊断结果彻底击溃。没有人愿意相信，但这确实是事实。

　　乔丽斯开始了漫长的治疗，很多朋友都会过来看她，给她信心和勇气。说实话，乔丽斯在得知自己的音乐道路即将终结时，也绝望过，可是她舍不得她的梦想，于是她再一次拿起了麦克风。

　　三个月后，乔丽斯再一次站在了演唱会的舞台上，几万名观众静静地坐着，没有呐喊，没有尖叫，大惊都静静地等着，一身孔雀西装打扮的乔丽斯从天而降，她微笑着说："不能大声歌唱了，那我就轻声吟唱吧，我会一如既往地坚持我的梦想，直至不能呼吸。"掌声雷动，乔丽斯轻轻开始了她的歌唱，她的声音依旧动人，一如她未生病时一样。

　　这次演唱会后，乔丽斯再次进行化疗，因为化疗，她的头发全部脱落。病魔侵袭，她已经不能再站起来了，只能靠轮椅行走。来看望的朋友都很难过，可是他们坚信，没有什么能阻挡她梦想的脚步，即使是病魔也不能够。

　　三个月后，乔丽斯已经彻底不能说话了，她就拿起了手中的笔，她说："不能唱了，我还可以写；不能写了，我还可以听；心若停止了，就让我的灵魂在天堂继续歌唱吧。"

　　在乔丽斯病后的第二年，她应邀参加了一次演唱会，这次演唱会是专门为了感谢乔丽斯而开，里面的所有歌曲，都是由她填词谱曲的。乔丽斯坐在轮椅上，面带微笑，没有人知道，她只剩下数月的生命。演唱会后，所有认识和不认识的人都争着和她合影留念，乔丽斯没有拒绝，她伸出双手，摆出胜利的手势，这一幕感动了身边所有的人。

　　乔丽斯没过完那年的圣诞节，就带着微笑，从容地走了。按照她的遗愿，她的骨灰撒在了家乡的土地上，她说，就是在天堂，她也能听到人间的歌唱。

在她的墓碑上，有一张照片，是她带着胜利的姿势的照片，所有来过暮地的人，都说，那是他们见过的，生命中最美的姿势。

把心灵修炼成一片海

　　郑雨盛出生在韩国的一个普通家庭，父母都是普通的职工，在家他排行老三。郑雨盛小时候成绩并不好，因为顽皮，他曾多次受过老师的批评。

　　但这并不妨碍他做自己喜欢做的事情。有时，刚从老师的办公室出来，他就迫不及待地拿起了手中的彩纸，静静地做自己的工艺品。那是他的理想，他希望长大后做一名出色的设计师。有一次，学校举行手工艺品比赛，郑雨盛回后山砍了一段木头，做了一尊圆形雕塑，那一次他获得了一等奖。回到家里，他欣喜若狂，母亲却不说话，把他带到了山下的一条小溪旁，母亲问："前面是什么？"郑雨盛回答："溪水。"母亲点点头说："是的，你现在就像这清澈的水一样，单纯、纯净，可是你终究有一天要长大。""那我将来是什么呢？"郑雨盛一字一句地问。"是大海，所以你要努力地完善自己，把自己的心灵修炼成一片海。"母亲语重心长地说。郑雨盛认真地点了点头。

　　15 岁，郑雨盛的个子已经有 1 米 8，他在女生中的人气也急剧上升，有人开始喜欢他，给他写信。但他对任何女生都不感兴趣。

他所关心的只是如何成为一名演员，但身边又没有志同道合的人，他经常为此苦恼、忧伤。

初三毕业后，郑雨盛在西门女子高中门外的快餐店找到了一份工作。因为很多女生都慕名来看他，老板便问他："你为什么不去从事演艺事业呢？以你的条件，完全能走出自己的一片天！"就是这句话，促使他离开学校。他去征询母亲的意见，母亲把他带到一条浑浊的河流旁说："你现在就像这条河流，你的前面会有很多诱惑，所以你一定得学会坚持，才能把自己变成一个海。"郑雨盛含着热泪点点头。

从高中退学后，郑雨盛先是在服装店工作了一年，后来因为一次偶然的机会，他加入了一家模特公司。从此，他一发不可收拾，拍电影，演电视剧，接广告，以硬汉的形象，赢得了人们的青睐。

2009 年，郑雨盛担任主演的电影《成都，我爱你》在第 66 届威尼斯国际电影节上，被指定为闭幕片；在第 14 届釜山电影节期间，《成都，我爱你》更是成就了一票难求的局面。

在回忆成长经历时，郑雨盛坦诚地说："我能走到今天这步，母亲才是最大的英雄，是她教会了我怎样把一颗心修炼成一片海。说实话，这些年，我苦过，失败过甚至绝望过，但我从没有放弃过，因为我知道我是大海，我能海纳百川，我坚持住，所以我成功了。"

总有一条路你要坚持到底

被誉为"高音C之王"和"世界首席男高音"的歌唱家帕瓦罗蒂出身并不好。迫于生活压力，他不得不放弃自己的大学梦，而选报了师范学校。17岁那年，他开始在一所小学教书。

日复一日的烦琐教学并没有磨去他的理想和信念，他清楚地记得，五年之前，他在世界最佳男高音贝利亚米诺·吉利面前所说的话："我想成为男高音歌唱家。"可是因为工作的缘故，帕瓦罗蒂无法像正常人那样去接受专业训练。他只能利用一切可能的时间来给自己充电。

19岁那年，在父亲的安排下，他得以拜阿里戈·波拉为师，后来他辗转来到埃米利亚继续学习。

昂贵的学习费用，使本来就穷困潦倒的帕瓦罗蒂苦不堪言，尽管他已经到了天天吃素，15公里远的距离也选择走路的程度，但窘迫局面依然没有好转。

那年冬天，他决定去找份兼职，以维持生计。然而，尽管他态度虔诚，但几乎所有的俱乐部经理都拒绝让这位连乐谱都看不懂的年轻人留下来。

帕瓦罗蒂感到无限失望，他去了最后一家俱乐部。在门口，他想这次不管用什么方法，他也要留下来。俱乐部的办事人决定让他现场演绎一段曲子。这让不识谱的帕瓦罗蒂感到为难，他无奈地告诉经理："我是依靠自己的耳朵和自己的符号来学习歌曲的。"他的话立即招来了一阵冷嘲热讽。

很明显，没有人相信他的话，办事人指了指门口，示意他快点离开。并不甘心的帕瓦罗蒂没有理睬他，而是径直朝舞台中央走去，那里正在排练《安魂曲》。帕瓦罗蒂清了清嗓子，接着男主角的声音唱了下去，他一连蹦出了三个高音C，清亮、圆润而富有穿透力的嗓音让所有人都安静下来了。一曲完毕，俱乐部里响起了雷鸣般的掌声。办事人当即拍板，与他签订了长达五年的协议。

1972年，他在纽约演绎《团队的女儿》，更是连唱了9个高音C，结果全场掌声雷动。演出结束后，他被迫到前台来谢幕17次。自此，他的演唱事业达到了顶峰，全球也掀起了一股"帕瓦罗蒂热潮"。

帕瓦罗蒂在谈及他的成功时，经常说："人生中总有一条路你要坚持到底，从你选择它的那一刻起，无论遇到多大的困难，你也要坚持走下去。"

是什么束缚了我们

　　有一位老富翁，一直都想去真正探一次险。年轻时事业牵绊了他的脚步，现在年纪大了，想出去的冲动就更明显了。他终于下定了决心，他要在探险的惊奇中度过自己 60 岁的生日。

　　这天，天气异常寒冷，他背着重重的行李走到了一座大山前，前面只有一座长长的浮桥。他的目的地是对面那座海拔五千米的高山，据说，当年飞虎队一架飞机的残骸就散落在这座山上。

　　浮桥大约有 20 米长，两边还没有护栏，下面是深不可测的悬崖，桥上是厚厚的积雪。虽说有兔子的脚印，但这摇摇晃晃的浮桥能否承担他的重量，还是个未知数。权衡再三，富翁还是做出了过桥的决定。

　　只见富翁小心地伏下身子，一步一步地往前爬。他向下瞟了一眼，忍不住倒吸了一口凉气。他似乎听到了浮桥开裂的声音，他觉得自己继续走下去，最终只有埋骨深山。这么深的悬崖，除了死，再没有别的可能。他又想起了自己的亲人，自己庞大的家业……巨大的恐惧感便如海浪般滔滔袭来，他转头瞅了一眼，爬得还不远，他艰难地掉了头，往回爬。

　　他拖着疲倦的身体爬回来，如释重负地叹了口气。他庆幸自己的决定，那么危险的旅程，相信没有人会幼稚地拿自己的生命开玩笑。

　　就在此时，他突然听到了一串爽朗的笑声，两个年轻的小伙子谈笑风生地往浮桥上走，当他们看到桥上的足迹以及一脸狼狈的富翁时，都露出诧异的表情。

　　人生中很多时候，不是我们不能达到成功的彼岸，而是胆怯束缚了我们的手脚。

第四章

事业常成于坚忍，
毁于急躁

心有多宽，职场就有多宽

　　阿荣是我一个要好的哥们，大学毕业后，因为工作勤恳，办事灵活，两年就升任了公司的业务区域主管。公司销售部钱副经理对他赞赏有加，阿荣的工资很快涨到了4000多。阿荣知道，自己能取得这样的成绩离不开领导的赏识。从此，阿荣工作就更勤奋了，每次回家探亲，还总忘不了给钱副经理带一包特产，以谢其知遇之恩。

　　然而，有一次，阿荣代表公司和一个大客户谈判，经过几番折腾，双方始终没有达成共识，最后不欢而散了。这种情况本属正常，但钱副经理严厉地批评了他，指责他办事不力，拖了公司的后腿，他因此受到了通报批评。

　　阿荣无法接受这一处理方式，他想过去找上司辩解，但最后还是强忍下来，觉得自己或多或少有些责任。尽管如此，他对不分青红皂白、凭喜好处理自己的上司产生了很深的意见。

　　一年后的暑假，阿荣准备请假，钱副经理突然来找他，这时钱副经理已经升为人事部的经理，他想借调阿荣过去帮忙。

　　想起以前那件令他耿耿于怀的事，阿荣犹豫了。他害怕又会像以前那样遭受不白之冤。看到阿荣拿不定主意，钱经理笑了："你是不是怕我了？这样吧，你再考虑一下，明天再答复我。"

阿荣忽然记起职场前辈说过的一句话：心有多宽，职场就有多宽。小心眼怎么办大事？想到这一点，阿荣一下从床上爬了起来，给钱经理打了电话，服从公司的安排。

一年后，钱经理调到总公司去了。他离开前向公司上层推荐了阿荣。顺理成章地，阿荣坐了钱经理原来的位置。钱经理临走时还偷偷地告诉他，其实很久以前，他就开始留意阿荣了，那次批评，也是有意为之，是为了考查阿荣的韧性如何，作为一个领导者，必须能顶住压力。

听到这儿，阿荣才懂得，包容别人的同时，其实就是在推荐自己啊！

没人替你走职场

金融危机的暴风雨才刚刚到来，父亲就催促我赶紧去找工作："现在不找，将来再找，可能就没机会了。"我听从了父亲的话，抱着厚厚的简历来到人才市场，经过一路过关斩将，我顺利地加入了一家外企。

经理是个重人才的主儿，当他知道我在大学时曾在一家公司做过策划员，就果断地任命我为策划部主管。才工作就当了小领导，父亲也为我高兴，他多次嘱咐我，一定要干出成绩来。

那段时间，我几乎把全部身心都放在工作上。在我和两位同事的努力下，公司的业绩也在节节攀升。

在一个月后的公司评优中，我获得了公司最佳职员奖章。

随着业务的不断扩展，摆在桌上的案子也越来越多，为此，我和同事不得不天天加班。但即使如此，有几个策划还是没有按时交稿，策划部因此被点名批评，同事也对我有抱怨："明明是人手少，怎么不去跟经理说啊？"老实说，我不是不想说，有好几次我都走到经理的门口，但又折了回去，因为我怕说了，会让经理觉得我这个人办事能力不够，从而失去对我的信任。

又苦撑了一周。我终于忍不住了，回家把我的困境告诉父亲，父亲拍拍我的肩膀说："儿子，我建议你试试。"

有了父亲的鼓励，我昂首挺胸走进了经理办公室，直言不讳地说："工作量太大，我希望能多两个人手。"我以为经理会生气地拒绝，谁知他却大笑起来。我感到很惊讶，目不转睛地望着他。"我一直在等你这句话。"经理语重心长地说，"其实我完全可以主动划人给你，但我没有这样做，我在等你过来要。职场可不是学校，不是给你多少作业，你都得完成。你需要做什么，怎样做，以及需要多少人来做，你都要策划好。你也不需要为了感恩或者担心失去信任而苦撑。这一切都只是让你自己慢慢学着长大，因为没人替你走职场啊。"

望着经理花白的头发，想着他的用心良苦，我再也控制不住自己的情绪，激动地走上去，我的手把他的手握得紧紧的。

心高，路才长

阿强是我的一个同学，重点大学毕业，写得一手好文章。当其他同学都在为找工作奔波劳累时，他却轻轻松松进了一家国有大型企业做宣传工作，虽然事情很多，但阿强依然干得无怨无悔。

转眼，三个月的试用期过了，阿强本以为公司一定会录用他，谁知道得到的却是离开的通知。阿强当时不以为意，他很快就找到了新的东家，依然和往常一样，按部就班地做着自己的本分事。

经理是个 50 多岁的主儿，要求也相当苛刻，阿强不时地被挑到刺儿。对于这样的上司，阿强当然无法接受，他想过去找上司辩解，但最终还是忍了下来。一个月后的早晨，经理突然把他喊到了办公室，指着电脑里画着狗和狼的图片，对阿强语重心长地说："其实，我一直都在关注你，你就像这忠诚的卫士一样，勤奋，努力。可是，职场如同战场，作为宣传部门，我们更需要的是像狼一样敏锐、主动的战士，你能明白我的意思吗？"

阿强忽然想起一位职场前辈说过的话：心高，职场的路才长。是啊，职场说白了，就是生存博弈，要想成大业，就不能只老实本分，畏缩不前。想到这儿，他重重地点了点头。

从此，阿强就像换了一个人似的，他每天都能给部门带来同行的新信息。

随着对业务的熟悉，阿强经常去和经理交流他对业务的新见解，并不时受到经理的高度肯定。

金融危机前，阿强通过仔细分析，慎重提出了投资商场的计划，他的意见得到了公司上层的高度重视。经过层层论证，公司最终采纳了他的意见。一场危机下来，很多公司不是倒闭就是破财，但阿强的公司却是越做越大。

而现在，阿强理所当然地接替了上任经理，公司每进来一个员工，他都会很耐心地把自己的故事说一遍。用阿强的话说，一个人的职场路有多远，不是公司给予的，而是自己打拼的。只要心高，并且不断放开自己的心胸，主动去适应工作，寻找机会，就能积蓄力量，厚积薄发，走得宽，走得高，走得远！

每个人都能成为职场阿凡达

　　大学毕业后，我回到了家乡，老老实实过了几年蜗居的日子。一次同学聚会，看到昔日同窗都意气风发，我也下决心南下去打拼一片属于自己的天下。

　　凭着出色的文字能力，我很快加入了一家外资公司，做企业策划。和我共事的是一个叫凡的女孩，比我早进来3个月，学历比我低，也没有文字特长。虽然公司有明文规定，不可以打听别人的工资待遇，但我还是忍不住询问了一下。结果让我很惊讶，她的工资竟然比我高出三个等次，这让我多少有些愤愤不平。

　　再做事时，我的心底便有了疙瘩，好几次策划表都出了低级错误。老总很恼火，责令我好好向凡学习。和凡探讨策划方案时，我几次都提出自己的见解，但都被凡以各种理由压了回去。我决定绕过凡，直接向老总汇报。却不想被顶了回来："你有问过凡吗？如果没有，向她咨询一下意见。"对于这样的处理意见，我自然无法接受，嘴里没说什么，但以后和凡在一起，总觉得不自然。

　　我回家，向老父亲抱怨了一个下午，说出那些心里的话，人顿时轻松多了。父亲拍着我的肩膀说："老总这样做，自然有他的道理，你才气十足，头脑灵活，但你所缺少的是实战经验。我想，老总是在磨炼你，让你快速适应这一角色。"我默默点了点头。

公司接了一个为金铺促销的案子，老总让我和凡一起负责。洽谈时，我提出了很多构想，但无非是让利、打折之类的想法。凡只是笑笑，中午吃了饭后，凡带我去闲逛，正好附近有一家超市准备开张。敏锐的凡立即捕捉到了这一信息，回公司加班做了一个"庆超市开张，千足黄金大赠送"的策划方案。

第二天清晨，凡带着我敲开了超市老总家的大门，结果当然是双赢。超市老总为了表示感谢，还专门在超市的户外广告屏上为我们公司免费播放了一个星期的广告。

再后来，我才知道，凡在加盟我们公司前，在营销经理这个位置，足足干了五年。

我对凡算是口服心服，从此，我不再抱怨自己的处境，甚至还对同事说，凡是我的良师益友，是她教会了我做大事者，须脚踏实地从小事做起。

年末，我和凡成了公司的年度先进个人，站在表彰大会的现场，我诚恳地和凡握手。

元旦后，凡去了分公司做经理，而我顺利成了总公司企划部的部门经理。老总在宣读任命决定时，用了十个字来形容我：稳重，才华横溢，积极，乐观！

用积极的态度来破解自身的处境，并踏踏实实地从每一件小事做起，每个人都能成为职场上战无不胜的阿凡达！

改变一生的一道题

　　它不是一道经典的面试题，但却改变了我的一生。

　　阿鹏是我大学期间的好哥们儿，大四那年，我们同去一所公司应聘。最高级别面试的主考官是公司的曾董事长。在面试即将结束的时候，曾董事长不经意地说道："你们看，今天的天气十分晴朗，但是天气预报说明天将会有暴风雨。你们能不能用虽然……但是……这组关联词，将这两个简单的句子联系起来。"阿鹏想也没想，就抢先答道："虽然今天是晴天，但是明天会有暴风雨。"我回答说："虽然明天会有暴风雨，但是今天是晴天。"曾董事长也不再说什么，就叫我们回去等消息。回家的路上，胸有成竹的阿鹏还笑话曾董事长问这么弱智的问题，而我却久久不能琢磨出曾董事长的用意。

　　半个月后，我意外地收到了公司的聘书，而阿鹏落选了。后来，阿鹏应聘到了沿海一家同行业的公司。

　　再次遇到阿鹏的时候是在今年的同学聚会上。本来以为当年专业技能比我优秀的阿鹏能过上白领的生活，没想到他却告诉我，由于全球金融危机的影响，他们公司的业绩急速下滑，为此公司不得不裁员，很不幸地，他也成了失业大军中的一员。当我告诉他，我所在的公司这个季度已经赢利百万，而我也已经是公司销售部的经理时，阿鹏并没有我想象中那样吃惊，而是给我讲起了他与我们公司曾董事长的一段往事。

有一次，他碰巧和我们公司的曾董事长同去和另一家公司洽谈业务，无意间与曾董事长谈到那次面试。曾董事长对他说："你知道吗？当时你真的很优秀，在专业技能、团队管理上都要比小王略胜一筹。但是你知道我为什么没有聘你，而聘小王吗？"阿鹏摇了摇头，曾董事长接着说："面试的时候，你以为我是无意中让你们造句吗？其实不是，那是我在考查你们对待工作、对待生活的态度。"

说到这里，曾董事长顿了顿："当时你的回答是，虽然今天是晴天，但是明天会有暴风雨。而小王的答案是，虽然明天会有暴风雨，但是今天是晴天。你们两个人的答案侧重点完全不同，你注重的是明天的暴风雨，而小王恰好与你相反。由此可以看出，你消极而小王积极。这才是我没有聘用你的真正原因啊。"

直到此刻我才顿悟，原来一个人对待工作的态度，可以决定他职场的"宽度"。是啊，身在职场，你永远只有两种选择，在消极中堕落、离开、重新开始，到最后，你依然只是个失业者；不然，你就应该在积极中奋进。

话不投机，喝杯凉茶

朋友在商场打拼五六年，拥有了一家房地产公司，也算是事业有成，春风得意。他做起事来，从不拖泥带水，不过，这样的人也容易激动。在熟人面前倒也没事，因为大家了解，能容忍，但生意场上就不同了。有的时候明明是有利可图的生意，就因为双方话不投机谈崩了。为此，朋友也很苦恼，多次找我们倾诉。

有次大家一起交流对孩子的教育问题，朋友对这个颇有兴趣，但不同的人看法不同，他和我的一个同事就争执起来。朋友脱了衣服，激动地站了起来。就在这时，同事的儿子端来一杯凉茶说："叔叔，你先喝杯茶吧。"朋友一口气喝光了，一股凉意直抵心田，他坐下来，心也静了，仔细想想，别人的话未尝没有道理。结果这次，他破天荒地和大家一起讨论了三个小时而没吵架。

第二天上午朋友去上班，策划部主任带着他最新的创意过来了，朋友早有意在城区开发十套中低档公寓，其中有三套专门针对中老年用户。他看了一下策划，在装饰选料问题上他和主任有着不同的意见，主任力求使用环保材料，而环保材料成本高，他认为不划算。

若在平时，朋友肯定会不耐烦地否决策划部主任的意见，一直以来，他都是个独断专行的人。公司里的人都明白这点，所以策划部主任对自己的意见被采纳没抱多大希望。可是今天策划部主任很意外，朋友拿出两杯凉茶，破例给了下属一杯，自己喝了一杯，然后让主任说说自己的意见。

"要是采用环保无公害材料，短期来说赚钱确实会少点，但要想到，现在老百姓的生活水平在不断提高，这种新型材料迟早是要普及的，谁能先使用，谁就能先得到老百姓的认可。"顿了顿，主任又补充说，"从长远来说，选用环保材料可以表达我们绿色环保的建房理念，也可以为老百姓办点实事，建老百姓真正需要的房子，还可以拓展我们的市场，一举三得。"

朋友认真听了，不断地点头，随后在细节方面，两人又进行了细致而友好的商量。

如果是以前，环保无公害材料的方案肯定要被否决。激动之前，先喝杯凉茶，让自己冷静下来，一则可以让现场气氛变得友好，二则可以听到更多不同的意见。群策群力，正是如此。

做个快乐的拼盘

阿强是我的初中同学，中专毕业后他就去了深圳打工。不久后，听说他加入了一家外企。在深圳这个竞争激烈的地方，他一待就是六年，买了车，购了房，日子过得有模有样。今年暑假，凭着我学的营销专业，我也顺利敲开了这家公司的大门，和阿强坐到了同一个办公室。

干了一周，我发现阿强无非是在办公室写写材料，搞搞接待。这样的工作，是我所不屑去做的，我心里纳闷，能力平平的他，凭什么能屹立职场六年不倒？

去问，阿强笑说："等你再待些日子，你就知道道理了。"不过，说也奇怪，阿强所在的这个办公室，从来都是笑声不断，阿强就像个魔术师，再大的难题，到了他手里，也都迎刃而解。

公司准备策划一次大型的户外展览，案子落到了我的手里，我在办公室忙了整整一周，案子却没有通过。想到自己加班加点的成果，就这样被轻易否决了，我的心里别提多郁闷了。回到办公室，我阴沉着脸，不说话。

阿强走过来，突然说："这是好事啊。"我诧异地抬起头。阿强说："案子没有交给别人去做，这说明公司相当重视你。你应该为此高兴才是，你所缺少的，只是没有去实地考察，记住，你所做的每个策划都应该有凭有据。"我如释重负地笑了。

接下来的一周，阿强带着我去实地考察，再次上交的案子，受到了公司上层的高度表扬。我衷心感谢阿强，是他妙语化解了我的不良情绪。

因为表现突出，经理又把一个案子交给了我，是策划一次户外联谊活动。因为从没有这方面的经验，我决定虚心向阿强请教。

阿强对我的到来，一点都不惊讶，他笑着说："六年前刚来到这个公司时，我也和你一样，雄心壮志且目中无人，是挫折让我知道了如何生存。当然，你比我做得更出色，因为你既懂得如何冲锋陷阵，又懂得虚心接受意见。"

阿强给我出了一个主意，那就是在联谊会的最后，大家一起来做水果拼盘，既让活动显得有创意，又能凸显团队的集体智慧。

正如意料的一样，这个活动受到了大家的一致欢迎，大家纷纷削切着我事先准备好的几袋水果，笑容满面。

第二天上午，经理在例行会议上，大力表扬了我，他还说以后再有这样的案子，都交给我处理。

一个月后，阿强坐到了营销主管的位置上，为他庆祝的那天晚上，我突然压低声音说："我知道你为什么一直受领导器重了？""为什么？"阿强笑眯眯地望着我。

我慢条斯理地说："因为职场如同战场，任何观念的错误或行为的偏差，都有可能让我们一无所有。所以团队的齐心协力，尤为重要。而你，总能用妙语化解大家的忧虑，给大家解压。你一直以来都是这个部门的核心，就像上次那个联谊会一样，一个小小的水果拼盘，却让大家能心连心，手牵手，以饱满的精神状态投入其中，争做快乐拼盘的一员。"

阿强没有说话，却笑着和我紧紧拥抱在一起。

握好自己的杯子

1. 主动出击，不做老板的一次性杯子

金融危机刚刚开始的时候，鲁小荫通过自己的努力应聘到一家外企的营销部做助理。上班的第一天，总监姜文彩把她喊进办公室："欢迎加入我们公司，按照规定，你有三个月的试用期，如果不能通过最后的考试，就只能走人。"姜文彩打量了一下她时髦的装扮，慢条斯理地说："现在你的任务是给我泡杯茶。"鲁小荫没作声，在进入职场以前，她早就听说很多领导有特殊的爱好，为此她专门到表哥的茶店培训了一阵子。

进洗手间的时候，鲁小荫忽然听见有人在低声议论姜文彩，鲁小荫出来的时候，正好和小声议论的两个同事碰个正着，她们都没说什么，彼此心照不宣地走开了。

但第二天上班，鲁小荫就听说了两个同事被姜文彩喊进办公室狠狠批评了一顿，出来时，两个人都把目光对准了鲁小荫。鲁小荫感到非常尴尬，她很想解释自己没有告密，但谁会相信这个新人呢？

鲁小荫在公司一下子被孤立起来。除了姜总监每天照例喊她泡

茶外，她再也找不到说话的人。

　　这样的局面持续了一周，鲁小荫终于耐不住了，她可是营销专业科班出身，之所以加入这家外企，就是希望能用自己所长大展拳脚，想不到却落到泡茶打杂的境地。凭着初生牛犊不怕虎的劲，鲁小荫走进了姜总监的办公室。

　　姜文彩仔细听完了她的倾诉后，忽然笑了。

　　"来我这里的每个人都很想有所作为，但事实上能留下来的少之又少。你知道这是为什么吗？"姜文彩微笑着问。鲁小荫摇头。

　　姜文彩挺了挺腰，说："商场就是战场，讲究的是'生死博弈'，你要想上司带你'冲锋陷阵'，就得要有留下来的本事，说白了就是要有利用价值。但是，目前我还只看到你有把茶泡好的这个价值，所以我一直在等你展现其他价值。"

　　鲁小荫心想，自己的这招主动请缨算是用对了，真要是被动地等待，说不定哪天走人都不知道原因。

　　接着，是一个故事，姜文彩说道："是十年前的事情了，那时我也刚大学毕业，雄心勃勃想干一番大事业。正好有一家企业招文员，我毫不犹豫地去了。到了那儿之后，我非常勤奋，连拖地倒茶买盒饭这些事儿我都包了，但是不到一个月我便被公司炒了。"

　　姜文彩说到这便停住了。他拿出一只一次性杯子，说："很久以后我才知道，自己离开的真正原因：公司并不需要一个打杂工，我对公司来说，利用价值并不高，就像这只杯子一样，用完一次就没用了。所以，我告诫进来的每一个新人，希望他们不要重蹈我的覆辙，但实际情况并不理想，你能明白我的用意吗？"

鲁小荫点点头，心里却想，总监原来并不是一个不可亲近的人啊。她笑着走出了办公室。

2. 坚守准则，成为上司心腹

鲁小荫的第一个案子，是对公司新年度的营销方案进行评估。由于对公司情况还不太熟悉，鲁小荫特意到市场部调阅了大量材料。忙了一周后，方案里的很多项目被她删掉了，当然她在旁边也陈述了自己的理由。

当鲁小荫把报表交给姜文彩的时候，姜文彩只是扫了一眼，说："去市场调研了没有？"鲁小荫低下头。姜文彩冷着脸说："缺少市场调研的数据是不准确的，你要记住，你所上交的每一个案子，必须尽量做到完美无误。给你一周的时间重做。"

接下来的一周，鲁小荫奔波于各大超市之间，还制作了一千人的调查问卷。一周后，鲁小荫带着新的方案刚到公司，就听见姜文彩着急的声音："鲁小荫，赶快给我泡杯茶来，下次你要是有事，得提前把你泡茶的这门绝活教给其他同事才行。"鲁小荫笑了，把茶端来，她说："姜总监，我可不愿意只做你的一次性杯子啊。"

营销部召开年度总结大会。总公司所有高层领导都出席了会议。总经理批评公司上年度的营销方案没有充分预测到市场的变化，导致公司去年的销售业绩增长幅度不大。

"有什么困难尽管提，只要能满足，我绝无二话，但在工作上我希望我的员工能够团结合作，开拓创新。"总经理说。

鲁小荫见姜总监突然给自己示意，立刻心领神会地站起来，把早准备好的新的营销方案发给了在场众人。

一阵热烈的讨论之后，会议场上突然静下来，总经理指着鲁小荫说："我很想听听你的意见。"

鲁小荫站起来说："虽然金融危机确实对我们国家造成了一定的破坏力，但从目前的调查看，国人的消费欲望不但没有降低，相较去年反而有了百分之十的提高。所以我完全有理由相信，只要我们采取合理的营销措施，2009 年将是我们新产品迅速占领市场份额的绝好时机。"

总经理满意地点点头。会议结束时，他扔给鲁小荫一句话："一周后，你交一份新产品的营销方案给我。"

等忙完这一切的时候，三个月的试用期也到了尾声。鲁小荫很想知道，公司最终决定她去留的是场什么考试，她几次问姜文彩，姜文彩都笑而不答。两天后，采购部的杨志明经理突然找到她，说因为缺人手，公司安排他们俩一起去上海出差。

这杨志明是董事长眼前的红人，精明干练，想巴结他的大有人在。

来上海的第二天，杨志明带着鲁小荫和一个姓申的老板在餐馆见面，双方边吃边谈。鲁小荫在生活中就是砍价高手，再加上对对方的底细非常清楚，这价压得申老板面色大变。其间，杨志明去了一趟洗手间，申老板便把一个早准备好的大信封迅速塞到鲁小荫的手里。鲁小荫吃了一惊，她听说很多人在外购时都拿回扣，只是没想到也会轮到自己身上。

鲁小荫说："申老板，您这是什么意思啊？"申老板意味深长地笑了："大家都是明白人，希望以后能多关照。"鲁小荫忙把信封推了回去。

吃完饭，鲁小荫借口肚子疼，回到了饭店。晚上，杨志明醉醺醺地敲开她的门，递过来一个红包："申老板给的，收下。收下了才好说话。"见鲁小荫仍然无动于衷，杨志明接着说："跟你直说吧。以我在公司的地位，你只要跟我干，我保证不会亏待你的。否则……再说了，你就是不拿回扣，申老板也决不会降价的，这是行规。你看着办吧。"

要是自己拒收，无疑是与杨志明为敌，便很难再在公司立足。鲁小荫当然明白这个道理，但她也有自己的底线，她故意说："杨经理，您是喝醉了吧。"说着便把他扶进了另一个房间。

第二天签合约的时候，鲁小荫看到杨志明和申老板都非常不高兴。但她也管不了这么多，合约一签，她就回到了公司。

姜文彩在桌子上摆了三个杯子，一个里面是茶，一个里面是酒，一个里面是茶和酒的混合物，见鲁小荫回来，他连忙招呼她进来，问她要哪杯。鲁小荫毫不犹豫地端起了茶。姜文彩耐人寻味地说："算我没看走眼，小荫，要想在一个公司长久待下去，一定要坚守准则，保持自己的独立性，不与人同流合污。"

3. 开辟新战线，玩转职场

鲁小荫本来以为自己是肯定要被踢出局的，没料到姜文彩却兴高采烈地告诉她，她通过了公司的考试，留下了。消息是在试用期后一周得知的。那次，鲁小荫到现场观看偶像刘德华的巡回演唱，却意外发现了姜文彩的身影。

鲁小荫跑过去拍他的肩膀："原来姜总监也是华仔的铁杆粉丝。"姜文彩的两只眼睛都亮了，似是教诲，又像解释："上司也是人，也有自己的兴趣和爱好，只要稍加注意，我们就能找到彼此的共同爱好，从而开拓职场新局面：既是工作上的搭档，又是生活中无话不谈的朋友。"

鲁小荫笑了，散场的时候，姜文彩特意邀请她喝茶。姜文彩告诉她，那次出差正是公司安排的一次考试，如果她收取了那些回扣，恐怕早就卷铺盖走人了。鲁小荫恍然大悟，至此才明白姜文彩摆那三只杯子的真正用意。

　　接下来的时间，姜文彩带着鲁小荫见客户，酒局是免不了的，姜文彩告诉鲁小荫几招假喝酒的方式。鲁小荫也充分发挥了自己的营销专长，他们同心协力，为公司拿回了不少订单。

　　三个月后，鲁小荫因为业绩突出，被公司评为季度优秀员工，获得了一个大大的红包。姜文彩又告诉她，杨志明被下放到分公司保卫科去了。鲁小荫听到这个消息，确实吃了一惊，她赶紧坐到自己的电脑旁，总结了一下自己的职场法则，希望用自己的事例，告诫那些刚进入职场或者正准备进入职场的新人，不要误入歧途。

别带着"故障"上路

1

这已经是张小函投的第三份简历了。电视上一个美女主播正说着今年大学毕业生将遭遇最冷"寒冬"，成都企业的月薪甚至已降至500元。张小函瞅了一眼，没有多说话，继续在电脑上打她的字。

第二天一早，张小函突然接到了吉祥鸟公司打来的电话，通知她上午八点去公司总部面试。进吉祥鸟一直是她的梦想，张小函想都没想就招了辆出租车出发了。

直到中午12点，张小函已经连续过了四轮面试。现在是最后一关了，公司似乎对这个来自民办大学的农村女孩特别感兴趣，坐在她面前的竟然是公司的郭总经理。

张小函神情镇定地坐了下来。仔细看了她一眼，郭总经理说："从各方面说，你都是一个非常优秀的人才，我们曾仔细调查了你的学习经历，发现你的努力和自信超乎常人。我们很欣赏你这点，但吉祥鸟是一家国际大公司，你将要面对众多有形或者无形的压力。你认为你能受得了这么残酷的挑战吗？"

张小函不假思索地说："我最大的特点就是经得起考验，有自信心。我相信，这也是我今天能站在这里的原因。"郭总经理笑了。

2

一个月后，张小函坐到了策划部的办公室里。

第一天上班的时候，策划部部长就把她喊进了办公室，指着地面说："今天你的任务就是把这里给我收拾干净。什么时候完成了，什么时候就下班。"

张小函没说话，转身拿来拖把和抹布。出门的时候，同事都看着她，其中一个还走过来小声说："小函，小心点，他可是只会吃人的金钱豹。""金钱豹"是大家送他的绰号，他大名叫钱国安，据说是董事长的外孙，在公司里没有人不让他三分。据说只要是他看不顺眼的人，下场都会很惨。

张小函上班的第一天就耗在了劳动改造上。下午六点，当她拖着疲惫不堪的身体走出公司大楼时，正好遇到了钱国安。他冷冷地说："听说你是这次招聘出现的黑马，不过有自信心还远远不够，最重要的是脚踏实地地做好自己的本职工作。"张小函没说话，心里却说："我又不是来当清洁工的，有必要用这种方式来折磨新人吗？"

一周后，张小函终于拿到了第一个活动策划案，是总公司元旦晚会的案子。由于她出色的组织与策划能力，晚会取得了圆满成功，小函也因此受到了老总的表扬。刚来公司的第一件事情就办得如此顺利，张小函不免有些得意，心想，所谓的大公司原来也不过如此。却没想第二天一大早，她去公司上班时，发现同事看她的目光都是怪怪的，就好像她抢了他们的风头一样。尤其年纪大一点的同事，更是在背后对她指指点点。刚坐下不久，钱国安就进来了，气愤地说："这个元旦晚会比预算的要超支很多，下次要注意。"自此后，钱国安似乎特别针对她，只要她稍微有些没注意，批评和惩罚就会接踵而至。有一次，因为来了同学，她下午晚来了十分钟，不仅被通报批评，还被扣了一天工资。

3

公司新软件的发布大会上，郭总经理最后指示公司员工积极献计献策，助公司早日走出金融危机低谷。出门的时候，张小函听到郭总经理喊她的名字，她犹豫了一下，转身，会场鸦雀无声，大家都惊讶地望着她。"张小函，我想听听你的意见。"郭总经理微笑着说。

张小函想了想说："随着金融危机影响的范围越来越大，客户们会越来越在乎他们的钱包。我仔细计算过了，装我们公司的新软件，整个成本将节省一半。所以我完全有理由相信，2009 年将是我们公司新软件独领风骚的一年。"

郭总经理接着说："如果我将这个案子交给你，你能处理好吗？"此言一出，众皆哗然。张小函咬了咬牙，冷静地说："能！"

张小函没有料到，她在公司很快就被孤立起来。以前大家虽说对她有意见，但至少见面都和她打招呼，而现在即使她主动打招呼，也没有人理睬她。有人甚至在她的办公桌上留字恐吓："张小函，你一个黄毛丫头，竟然在这里口出狂言。走着瞧，我一定不会让你好过的。"

元旦刚过，张小函立即投入了紧张的工作中，从上午7点到晚上10点，她用了整整15个小时，把新一年吉祥鸟公司的公关传播策划案全部做了出来。做完之后，她自己也觉得相当满意。

拿到部门讨论时，策划案却遭到了否定。看到自己忙了一天的心血就这样付之东流，张小函觉得非常痛心。但更令她痛心的是，几天后一个同事的策划案提交通过了，而他策划案的绝大部分都是抄袭她的创意。遭受这样的打击，张小函再也坚持不住了，倒在了公司的会议桌上。

4

开门。进来的居然是钱国安，他手捧着一束鲜花。"听说你准备放弃总经理的案子。""是的。"张小函低着头，"毕竟我也不是IT行业出身的。"

"你是怕输？""不是，我不怕。"张小函说，"妈妈从小就告诉我，心大，才可以做大事。她告诉我，要想有深远的发展，就必须有一颗容量巨大的心。"

"真羡慕你有一个伟大的母亲，"钱国安说，"我跟你讲一个故事吧，那是我爷爷讲给我的故事。"

5

那一年正是抗美援朝战争进行得如火如荼的时候。我们连奉命到前线送军火。出发前，连长要求我们仔细检查车辆。由于事前演习了无数次都没出现故障，所以我和同车的小杨在检查时都敷衍了事。趁着月黑风高，我们出发了。为了避免被美军发现，车队都不开灯，每到崎岖险路，都是我下去引导前行。

在快到战场的时候，我们的车出了故障。不论怎么弄都没有用，我们只好下车摸索着检查。等弄好的时候，天已经蒙蒙亮了，我们赶紧开车。刚启动，便听见一阵机枪声响起，原来是一队巡逻的美国兵发现了我们，正朝这边跑来。我们差一点就成了敌人的俘虏。这次事件给了我们一个深刻的教训，那就是不论做什么事情，都不能带着"故障"上路！

钱国安叹了一口气说："知道我为什么来找你吗？因为我知道你是一个决不轻易认输的人，你眼睛里所透露的那种自信和坚毅，我只在总监周忆的身上看见过。记住我的话，别带着'故障'上路，因为人生就是一部不断向前的车，任何观念的错误或行为的偏差，都有可能让你一无所有。"

张小函听后使劲地点点头。

6

一周后，张小函站到了郭总经理的办公室里，她向经理提交了一份团队名单。郭总经理看了看说："这份名单里面有几个都是对你有意见的，有一个甚至还打过你的小报告，你不怕他们拖你后腿吗？"张小函微笑着摇摇头："我相信吉祥鸟公司是一个公私分明的地方，何况我们并没有利益上的冲突。之所以出现之前的情况，也许是因为我锋芒太露，他们暂时无法接受。"郭总经理满意地笑了。

因为新软件的案子在一周内要交，所以团队的每一个人都进入了紧张的工作阶段。巨大的工作量，并没有阻挠张小函满腔的激情。张小函深深明白，此时的她不仅仅是这个案子的核心人物，更是团队的一分子。她并没有事必躬亲，而是放心地把任务交到了队员的手里。

她在和钱国安讨论的时候，说了一句话："我觉得我这个时候最关键的是要稳住，要有凝聚力，能做到才能说明我有本事。冷静下来，把思路整理好之后，再去引导他们。"说这话的时候，钱国安一直在笑。等笑够了，钱国安才一本正经地说："我觉得我还是低估了你，从容上阵的你，让我看到了女性少有的沉着和冷静。是的，作为核心人物，最重要的是懂得如何去引导别人做事，更多的是指明方向，而不是帮助某个人做一个细节。即使是前面有暴风雨，也要让大家感觉到安全，因为你是船长。"

一周后，张小函将案子交到了总经理那里。

7

案子最终通过了审核。由于张小函的杰出表现，公司破例给张小函发了一份巨额奖金。张小函没有独得，而是把奖金平均分给了队员，又把自己的那份拿出来请大家大吃了一顿。

年终总结大会上，张小函被老总点名发言。她说起了那个别带着"故障"上路的故事。她最后说："在人生的路上，只有不断地总结自己，反省自己，消除故障，从容上阵，再加上对工作虔诚的热爱，对自己很强的约束力，才能最终得到想要的那颗果实。"

张小函站起来的时候，台下已经是一片掌声，她注意到钱国安正默默注视着她，眼里一片湿润。

一个月后，钱国安突然来找她说："公司派我去法国留学两年，两年后，我希望在欧洲总部看到你。"

郭总经理发话，让张小函接手钱国安的工作。张小函走马上任的那天，把"别带着'故障'上路！"这个横匾挂在了策划部的办公室里，作为大家的座右铭。

给对手开一朵绚丽的花

大学毕业后，我放弃了进外企的机会，回到了自己的家乡。在父亲的帮助下，我开了个海鲜店，利用自己这几年所积攒的人脉，很快打开了局面。

不久后，我决定扩大自己的店面，当我告诉父亲时，他却犹豫了："你这里地理位置虽好，可就一家店，没形成规模，顾客不可能太多。"我被自己的雄心壮志冲昏了头脑，哪还听得见父亲的建议。

一个月后，我的店面扩张了一倍，但生意并没有预想的那么火热，维持店面的费用却在成倍增长，我开始感觉到沉重的压力。

有一天，一个初中同学来找我，他说他也想开家店，给别人打工总不如自己当老板。他让我提些建议，我的回答却支支吾吾的。父亲急了，跑过来说："那你也开家海鲜店吧。"我使劲朝父亲使眼色，示意他走开，但父亲是越说越来劲。等他一席话说完，同学已经是两眼发光，一个劲地和父亲握手说感谢。

等同学走了，我忍不住埋怨说："爸爸，你怎么能叫他也来开海鲜店呢？一个店的生意都这么差，何况是两家店？"父亲笑了，他摆摆手说："不是两家店，起码要开五家店。"我诧异地望着父亲，没说话。但我知道，父亲从不打没把握的仗，这样做，自有他的道理。

两个月后，我所在的龙湾街，开了六家海鲜店，成了名副其实的海鲜一条街。紧接着，父亲联手几家海鲜店，搞了次大型的"吃海鲜，送小车"活动，海鲜城的大名因此被传播开来。

正如父亲所料，多开几家店，店里的生意不仅没有减少，反而越来越兴旺。父亲生日那天，其他几家海鲜店的老板都提着厚礼来看父亲，说感谢父亲给了他们一条路走。父亲高兴地对他们说："其实，要说感谢的是我们，是你们的加入让我儿子的店起死回生。"

晚上，父亲走过来，跟我讲了个故事，是父亲年轻时候的故事。那时，像现在的我一样，父亲雄心勃勃，想干一番大事业，他和几个志同道合的同事，一起跑起了运输。当时同市的几个车队竞争非常激烈，但父亲经常把自己揽到的业务介绍给其他车队。很多人不理解，甚至还骂父亲吃里爬外。直到有一次，父亲所在的车队承包了一单去俄罗斯的业务，却不想车队在半路上遭遇了雪灾，父亲他们陷入了绝境。幸好其他几个车队赶过来了，经过两天一夜的抢救，父亲他们才转危为安。

父亲语重心长地对我说："我想要告诉你，给别人开一朵花，其实也是在使自己的生命灿烂。同样的道理，我让大家都来开海鲜店，表面上，你像是亏了，但大家只要有序竞争，反而能形成一个品牌，用一个拳头说话，客源当然不足为虑了。"

半年后，我的店面再次扩大了一倍，我也成了当地有名的海鲜大王。一年后，我的海鲜分店遍布这座城市，我在每个分店的办公室里，都挂上父亲送我的话：给对手开一朵绚丽的花。

是的，这句话，值得我一辈子铭记！

张弛有度，营销有道

王菲单场门票总价 650 万的演唱会看上去有些不靠谱。在经纪人陈家瑛证实其复出的消息后，很多演出商都阴沉着脸，唯有王菲一脸轻松。出门购物，吃饭聊天，即使大批狗仔跟随，依旧不卑不亢，轻松欢笑。

2008 年赈灾晚会后，王菲曾高调称自己复出的日子将近，就连同台献艺的容祖儿等人也都说："大家都希望她出来唱，她唱歌真是很好听。"

这么聪明的人，当然不会拿自己的前程开玩笑。事实上，王菲自出道起，就以一种王者风范树立自己与众不同的形象。事业如此，爱情也是如此。与窦唯的一见倾心，与谢霆锋的石破天惊，与李亚鹏的缠缠绵绵，每一段爱情都轰轰烈烈。这样的女人不让人注意才怪，于是，很多女人都在感慨，做营销，先把品牌打造好。

王菲做到了，我敬畏王菲的智慧。不是说她没有失败过，和那英在北京合开的发廊、在上海开唐会 VIP 酒吧，都以赔钱收场。我所敬佩的是她面对现实时，从容淡定、潇洒自如的气概。

睿智的女人，从来都会把玩好时机，王菲自然不例外。于是，在事业正风风火火的 2005 年，一个华丽转身，她回归相夫教子的简单生活。尽管有人惋惜，有人劝阻，她依然我行我素。

但她又张弛有度，总会在别人快忘记她的时候，给媒体释放点烟花。

不管是有意还是无意，王菲一直是媒体关注的焦点，是不争的事实。

她更懂得，要想保持旺盛的人气，就一定要讲究策略，于是一次又一次的复出新闻就这样传了出来。有人说，这回该是真的了吧？

其实，真又如何？假又如何？只要粉丝开心了，自己的人气上涨了，目标不就达到了吗？

而现在，几乎每天都有很多广告商找王菲拍广告，她更是以2000 万人民币的代言费，创下华人明星代言的新纪录。这世上，不是给谁个机会谁就能玩转品牌的，她的成功，除了靠实力，还得靠智慧。

在中国的艺人中，王菲当之无愧地是娱乐营销第一人。所以，搞营销，学王菲才是硬道理。

种什么树，结什么果

上世纪 80 年代初，高中毕业的潘慰，随父母一道去了香港。才安顿下来不久，潘慰就到各大人才市场找工作。但是低学历的她到处碰壁，她记得一个小公司的招聘人员不屑地说："抱歉，没有大学文凭，我们不能录用。"那一刻，潘慰的心如置冰窖。但她不甘心这样失败，为了打破窘境，潘慰决心自己创业。在家人的帮助下，她开始投资食品贸易。

凭着良好的信誉和敏锐的市场洞察力，潘慰的事业越做越大，她把中国的食品在自己的工厂进行筛选和重新包装，然后再卖到国外。很多人认为她已经非常成功了，潘慰却又有了自己的想法：虽说生意做大了，但欠款的人也多了。不少都成了死账、坏账，市场风险太大。如果能找到一个账容易收回，每天有大量现金流的生意，那自己的事业不就更上一层楼了吗？

机会终于来了，香港商界决定组成一个考察团，潘慰很快报了名。考察团先后去了德国、意大利、日本等许多国家找项目，经过冷静的分析，潘慰的构想在慢慢形成，那就是将日本的味千拉面引入中国。

　　为了能拿到味千的中国代理，潘慰带着她的创业团队，亲自到九州岛请来味千拉面的崇光社长，带他到深圳看她的工厂，甚至带他去大山里看他们采购的柿饼。诚意最终打动了崇光社长："我来教你怎么做，我对你很有信心！"在掌握味千拉面的核心技术后，潘慰的第一家味千拉面在香港开业，当月即实现了赢利。

　　但味千拉面在内地扩张的过程中，因为只是将在香港的西餐经营模式照搬过来，顾客们并不买账，生意冷清，每天都是入不敷出。怎么办？是退出内地市场还是寻求突破？潘慰和她的伙伴们为此大伤脑筋。

　　有一次，潘慰刚吃完午餐，父母便来电话，说在西餐厅等她吃饭。潘慰只得前往。因为是打车，赶到西餐厅时，父母还没来。闲着无聊，潘慰便开始寻思中西餐厅的利弊，想着想着，潘慰的眼睛亮了，就这么办！

　　潘慰给母亲打了个电话，便匆匆赶到公司，紧急召开了员工大会。在会上，潘慰提出了"具有内涵的快餐拉面"这一说法。按照她的想法，就是要打造介于西式快餐和中式传统餐饮之间的"快速休闲餐厅"。

　　上世纪 90 年代中期，连锁快速休闲餐厅这一模式，在国内还是首创，不少员工对此顾虑重重，但潘慰显然有自己的主见："我发现有品位的西式快餐基本都没有点单等餐桌服务，而我认为应该让顾客享受到这种服务。"

　　正是由于味千拉面巧妙地结合了中餐的口味、营养和西餐的快速，这种快速休闲餐厅一经推出，就受到了顾客的青睐。短短半年，味千拉面就实现了赢利 100 万的目标。2007 年，味千拉面迎来了它的春天，在全国总共开设了 167 家分店。潘慰创办的味千（中国）控股有限公司成功登陆香港联交所，在制造 90 亿创富神话的同时，成为首家在香港上市的以内地为基地的快速休闲餐厅连锁经营商。此后的三年，味千拉面一直缔造着它的饮食神话，潘慰也两次蝉联"胡润餐饮富豪榜"首富，她的多品牌餐饮经营平台也在如火如荼地发展着。

　　从一个在职场碰壁的高中毕业生到公司市值 90 亿元，个人财富近 50 亿元的成功企业家，潘慰的成功是偶然吗？正如潘慰所说的那样："种什么样的树，就结什么样的果。我认为成功的路上没有偶然，只有踏踏实实地走，并且不断创新，才有一个个光辉的明天。"

放大自己的价值

这是一个很小的文化公司，所有能动用的资金加起来才几万。桌上摆放着一沓《校园消费》杂志，白色的墙壁上还有一句醒目的"宁可天下人负我，也不愿负天下人"，时刻激励着员工的信心。年轻的刘总正在苦思冥想，怎样才能打破目前的创业困境。一次她在跟商家谈判的时候，对方提及代金券，刘总的眼睛顿时一亮。

"唯有让商家认识到我们的传播效果，才能说服他们掏钱打广告。"这是第二天她对员工说的第一句话。之后，新开印的杂志上赫然加入了很多商家的代金券。

这样的广告价格在成都这个城市里是最便宜的了，实惠的冲击力是毋庸置疑的。每个收到杂志的学生都会剪下里面的代金券，甚至有学生干脆收集《校园消费》，拿到网上卖，把这份原本免费的杂志以4—5元的价格出售。口耳相传，渐渐地，很多人知道这本杂志的存在，甚至当地媒体都给予了它极大关注……

一年后，杂志的发行量从1万份猛增至4万份，并且风行于成都的10多所高校。

公司的员工无不对刘总的创意佩服得五体投地。杂志的市场也迅速打开，北京、上海、重庆以及成都本地的一些传媒集团、风险投资机构纷纷表达了合作的意愿。

刘总开始筹划更大的事了。除了《校园消费》杂志，她的公司正在为企业做面向高校的整合营销——集市场调查、品牌推广、活动策划于一体的营销战略。一位员工问她："我们还不是这个城市最强的品牌，这么大的蛋糕，我们能吞得下吗？"刘总意味深长地回答说："价值只有在创造中才能得以体现，但价值的衡量尺码在别人手里，别人永远不可能给你理想的价值，所以你必须主动创造，并不断地去放大自己的价值，这样你才能立于不败之地。"

对别人的人生负责

　　转眼，叔叔来北京打工已经两年了。叔叔在一家跨国公司工作，职员都来自五湖四海。因为没技能，叔叔只能做清洁工的工作。别看活小，在公司却很重要，叔叔经常受到公司高层的接见和表扬。

　　叔叔的顶头上司是一个美国人，叫杰克，因为极度崇拜姚明，大家私下都叫他小姚明。杰克曾在中国生活过十年，是有名的中国通。不过这人虽热情，但在工作上却是铁面无私。公司里，很多人都怕他。

　　一个月前，叔叔一直没工作的妻子病了，再加上两个儿子都在私立高中读书，生活的负担一下子重起来了。为了养家，叔叔只好找了两份晚上的兼职，白天、晚上两头跑。没过多久，叔叔就感觉有点力不从心了。

　　一天上午，在忙完了办公楼的打扫后，疲倦不堪的叔叔拄着扫帚，站在门口竟迷迷糊糊地睡着了，以至于总经理进来的时候，他没有半点反应。

　　这在纪律严明的跨国公司自然是不被允许的。没多久，叔叔就被"请"进了办公室。杰克冷冷地说："你这几天表现很糟糕，是不是家里有事，或者身体不舒服？"叔叔暗叫糟了，连忙说："我没事。"杰克从椅子上站起来说："瞎闹！没事，你大白天地站着也能睡着？"

叔叔沉默了。好半晌，他才说："我能坚持下去的。请不要解雇我！"杰克表情严肃地说："你的问题相当严重，这直接关系到公司的名誉和地位。所以，你现在要做的就是立刻和我去医院检查。"说着，也不管叔叔同意不同意，挽着他的手就走。

又是抽血，又是透视，折腾大半天。医生说，叔叔只是体力透支太严重了，休息几天就没事了。但杰克依然不肯罢休，执意要到叔叔的家里去看看。叔叔要赶去上班，这让叔叔很恼火，两个人因此在医院门口争吵了起来，最后杰克铁青着脸走了。叔叔感到莫名其妙，但寄人篱下，又无可奈何。

第二天上班，叔叔因为去给妻子交住院费，迟到了一会儿，杰克正好看到了他，出乎意料地，杰克微笑着和他打了个招呼，就走开了。下午，叔叔到医院，从妻子的嘴里得知，公司领导刚才来看过她了，还替她交纳了余下的医药费。

叔叔把昨天的事情告诉妻子，妻子埋怨他说："你是错怪人家了，他们是一番好意。"叔叔由此陷入了深深的自责中。

第二天上班，叔叔突然接到了集团总裁、传奇人物斯特朗的接见。斯特朗一见他，就不断地道歉，并表示公司将尽快对他的家庭和健康情况进行评估，这使叔叔受宠若惊。反而是斯特朗一再安慰他，说这是公司的疏忽，如果不满意，他可以找相关单位进行申述。

叔叔才来加拿大不久，对相关制度并不熟悉，叔叔忍不住问了几个问题，出乎意料的是，斯特朗都耐心地回答了。

原来，斯特朗的公司一直有条规定，就是永远把职工的健康和家庭放在集团的第一位。在他们看来，只有真正保障了员工的权益，员工才会安心留下，把公司当家一样对待。所以，斯特朗的公司鲜有职员辞职和跳槽的情况发生。

如果叔叔因为工作病倒了，那么他的直接上司杰克就要受到严重警告甚至是被辞退，而这对公司的名誉也是极大的损害，所以才有了杰克的紧张，才有了斯特朗的真诚道歉。

那一次，斯特朗足足和叔叔谈了两个多小时，公司不久后宣布，批准叔叔休假三个月，好去照顾妻子，而叔叔的工资也破例提高了两个档次，他妻子的相关医疗保险手续也正在办理中。

"你要对别人的人生负责，别人才能全心为你工作。"这是斯特朗最后对叔叔说的一句话，叔叔也把这句话传给了正在创业的我。从叔叔的语气里，我感受到的不仅仅是一种幸福的心态，更是一种实在和人性化的经营理念。

第五章

没有人能
随随便便成功

打开你身前的门

美国总统德怀特·艾森豪威尔小时候最喜欢的事情就是去舅舅家，从那里他可以学到很多书本上没有的知识。

舅舅知道艾森豪威尔的理想是做一名将军，所以艾森豪威尔每次来他都准备很多励志故事。艾森豪威尔每次都听得津津有味，而且有所收获。看到艾森豪威尔一点点在进步，舅舅脸上露出了满意的笑容。

一个周末，艾森豪威尔很早就来到舅舅的家里，当了解到艾森豪威尔是因为不喜欢学校里的军训才逃到这里来的时候，舅舅心里顿时有了主意。

下午，他带着艾森豪威尔去了乡下的老家。第二天早上，他起来做的第一件事情，不是刷牙洗脸，而是去把院子的所有门打开。

艾森豪威尔跟在他后面，看着他把门一扇一扇地打开，心里诧异极了。

"这是我每天早上的第一件功课，几十年来我从未放弃过，也因为这样，我一点点进步，才成就了现在的辉煌，知道这是为什么吗？"

艾森豪威尔摇摇头。舅舅微笑着说："其实，人的每一天都是在打开身前的门，你要知道，这是必须做的。打开身前的门，你才发现，前面又是新的阳光了，不论你以前是失败还是成功，此刻你都站在一个新的位置，所有人的机会都是平等的。于是，你才会坚持下去，因为你深知走下去，前面还是你的天。"

艾森豪威尔恍然大悟，从此没有再逃避过军训，也正是舅舅的这番话激励着他一次次向前，不满足，不放弃，最后登上了美国总统的宝座。

艾森豪威尔成名之后，多次去看望舅舅，他也像舅舅那样，每天起来，头一件事就是打开身前所有的门。因为在他看来，打开身前的门，不仅仅是一种习惯，一种智慧，更是一种敢于放下往事的包袱，去追逐未来的雄心大志。因为只有一步步坚定地走下去，前面才是自己的光明大道。

雄鹰搏击长空，麻雀丛林飞翔

　　木匠的徒弟决定去省城找工作，但他没有告诉师傅，他认为这是自己的事情，只要有足够的信心，就一定能成功。

　　徒弟换了很多工作，做过电工，也在商场里待过，可每个工作，他都没能做满三个月，为此他很苦恼。师傅听到这一消息后，专程跑到省城找他，师傅给了他一份礼物——木匠的工具箱。

　　师傅语重心长地说："天空虽然浩瀚，但只有雄鹰才能搏击长空，麻雀却只能在丛林里飞翔，你要明白自己是麻雀还是雄鹰，找准自己的优势所在。你是木匠出身，对你而言，那就是你的天空，在省城这片天空里，你要想长久地待下去，就得把成功定位在自己的优势上！"

　　徒弟虚心地接受了师傅的意见，徒弟开始在工地上做木匠。一年后徒弟自己开了个家具店，徒弟的生意越做越大。一年后，徒弟成立了个家居维修公司，还专门聘请师傅来做总经理。

　　其实每个人都可以成就一番事业，因为每个人都具备成功的潜在条件，那就是正确的自我认识。只要能认清自己是雄鹰还是麻雀，找准自己的优势，并从这个点出发，就能顺利达到成功的彼岸。做事如此，人生何尝不是如此。

怎么种好自己的田

美国《福布斯》网站公布的美国历史上 15 大富豪排行榜，卡内基排在第二位。他是白手起家的美国钢铁大王、哲学家和慈善家。

卡内基的成功并非有什么先天优势，24 岁之前，他还是一个连自己都无法养活的穷光蛋。他干过很多工作，但最后都被老板炒了鱿鱼。有段时间，他不得不接受父母的接济。

"在我人生的前 24 个年头，我从没想过自己会飞黄腾达，为了生存，我不得不到处流浪。"那一年，他决定去纽约碰碰运气，在火车上他遇到了斯瓦伯这位后来在他的钢铁公司做总裁的年轻人。当时斯瓦伯还只是一家铁路局的普通职员。在他的引荐下，卡内基来到了铁路局。但是因为毫无经验，他没有得到重视，而是被分配到铁路上去捡垃圾。

这让卡内基感到羞耻，他发誓一定要出人头地，为了这个目标，他开始疯狂看书给自己充电。他在备忘录里写道：人生必须有目标。

半年后，凭着过硬的专业知识，他竞选成为某段铁路线的监理。有一次，由于火灾，他所负责的铁路段上的一座木质桥梁被烧毁了，火车几天都不能通行。

他带人到现场仔细勘查，两天后，他给当局提交了一份报告，建议把这条铁路上的所有木质桥梁换成铁桥梁，但遭到了否决。他为此还遭到了一顿狠批。

卡内基感到义愤填膺，他决定自己开家公司，专门造铁桥梁架。因为没钱，他首先在单位里到处宣传他的策划，很快就募集到了几万美元，再加上银行贷款，很快，他的公司就成立了。

第一架铁桥梁架还没生产出来，外来的订单就已经超过一千份了。

他29岁那年，正值第一次世界大战，他果断成立了属于自己的钢铁公司，在公司成员大会上，他把"制造及销售比其他同行更高品质的钢铁"作为全公司人的共同目标。

就是靠着对市场需求敏锐的判断，积极的心态，再加上善用人才，卡内基硬是从强敌如云的钢铁行业中杀出一条血路。

卡内基经常在演讲中这样说道："可以说我一切的财富，一切的成就都源于当初的一个念头。很多人都像我一样，有过这样的念头，只是他们不会去实施，碌碌无为地活着，或者幻想天上会掉下钱来。我不会这样做，因为我知道上帝只偏爱有信念并且能锲而不舍的人，所以我的每一天都在向预定的目标前进。这就好比买好了种子，设定了年收成之后，我不会在意别人怎么去耕种，我只在乎怎么种好自己的田。"

我不做别人，只做我自己

香港媒体公布第一金牌司仪的评选结果，执掌香港王牌综艺节目达 10 年之久的沈殿霞当之无愧地拿下了这个荣誉。与此同时，她还被政府评为香港"国际儿童大使"。作为一个女人，她的事业可谓是发展到了巅峰。她的成就也引来无数人的追捧，人们都亲切地称呼她为"香港开心果"。

可谁又知道，她在刚出道时，因为身材异常丰满，屡次遭到拒绝，甚至差点与影视行业失之交臂。

15 岁时，沈殿霞与家人移居到了香港。那年，她拍摄了第一部电影《一树桃花千朵红》，并深受观众好评。然而当她拍摄第二部电影《盲目的爱情》时，问题来了。这毕竟是一部爱情戏，导演担心她那太过丰满的体形无法保证票房，他建议沈殿霞减肥 20 斤后再过来，她的戏也推迟拍摄。

"我并不打算减肥，这是我的身体，我并不打算让它去迎合某些人，"沈殿霞找到导演，坦然地说，"我希望你们能重新审视我，我的身材是很肥，但同时这也是我的特色，我的与众不同之处。"

但是导演依然坚持他的意见，这就意味着，如果不减肥，她的演艺之路很可能就此中断。明知道会出现这种结果，沈殿霞还是毅然决然地再次对导演说不。她把自己拍摄的《一树桃花千朵红》拷贝给了导演。

　　导演在认真看了她在剧中的精彩表演后，果断地改变了主意，并通知剧组为她改写角色，增添了许多量身打造的喜剧性情节，这在当时的电影界还是很罕见的事。

　　之后的几年，她在所演绎的影片中，多为配角，但其出色的喜剧表演，成为票房的保证。正是靠这种与众不同的美，沈殿霞在她人生的第三十五个年头，入主TVB电视台，因为其主持风格诙谐轻松，她成为香港TVB电视台的长寿综艺节目《欢乐今宵》的台柱。她在电视上经常说的一句话就是："我是沈殿霞，我的命运在我的手中。我不做别人，我只做我自己。"

　　这绝不是一个空洞的口号，在她人生的62个年头里，沈殿霞一直以这句话为座右铭。她的成功告诉我们，自信离成功只隔一座山，坚持下去，努力做好自己，才能笑到最后。

改变命运的一个字

他五岁的时候，父亲带他移民到了美国。由于成绩不好，加之生性异常好动，班主任很不喜欢他，曾不止一次找他在美国马里兰大学教书的父亲诉苦。

他六岁的时候，得了一场大病，右手基本上不能握东西。康复后不久，父亲却意外地发现他左手的能力异常突出。这让父亲欣喜若狂。

父亲多次找体育老师，让他刻意培养儿子左手的动手能力，这让体育老师倍感疑惑。因为在常人看来，右手出毛病了，应该锻炼右手才对。

父亲笑了，因为他知道左手是由右脑控制的，而右脑是想象细胞聚集的地方，锻炼左手更能提高想象力。

父亲希望儿子长大后能成为一个有用的人，至少能沿着自己的轨迹成长，成为一名优秀的教授。但是他很快失望了。进入初中后，儿子突然变得腼腆，跟母亲说话，都脸红，更别说和其他女孩说话了。

细心的父亲观察了几周后，特意邀请一个女孩到家里给他补课。他却躲在房间里不敢出来，父亲见状，大声说："出去，我们家没有胆小鬼。"他望着父亲，因为父亲从没有这么大声训斥过他。父亲见收到效果了，便拍拍他的肩膀，柔声说："相信我，你能行的。"他挺直了身子，向门外望了望，又回头问："我真能行吗？"

"能！"父亲果断地说。他硬着头皮走出去，嘴里一次又一次地念着："能，能，能。"他的这番主动让女孩很惊讶，她没想到这个见了女孩躲闪都来不及的男孩居然昂头向自己走来。出于礼貌，她友善地笑了。也正是这一笑，让他更有信心了。后来在班上，他活泼多了，也积极参加各种活动。他以自己的勇气成功地获得了朋友们的认可。

他就是赛吉·布林，全球最有钱的九个年轻人之一。然而他并没有按照父亲给他设定的轨迹成长，在斯坦福大学读博期间，他毅然决然地选择了休学，并和拉里·佩奇一起创建了家喻户晓的互联网搜索引擎 Google。

在谈及成功时，他总是把成绩归功于父亲："没有父亲的当头棒喝，就没有我的今天。因为'能'，所以在以后的岁月中，只要遇到困难或者挫折，我总会想起父亲的那句话，想起我'能'行，我'能'。因为'能'，所以我就会鼓起勇气；因为我'能'，所以我大胆地接受挑战。"

只有包袱，才会让生命不停步

安德拉年少时家里非常穷，为了生活，他不得不经常翻越一座大山去舅舅家里借钱。

有一年，安德拉的家乡遭受了百年不遇的雪灾，家里的房子被压垮了，为了活命，他们不得不举家搬迁到山的那边。半路上，他不小心掉队了，后来他得以与叔叔同行。

在暴风雪肆虐的环境下要穿越海拔三千米的大山是相当危险的事。冰冷的风雪像刀一样刺割着他们，更要命的是，地面已经结冰，很多人都不幸地滑下了悬崖。

安德拉小心地向前走着，他不敢看两边深不可测的悬崖。在经过一段相当平坦的路面时，他看到很多人都围在一起休息。叔叔对他说："我们不能停下，趁着天没黑，我们得赶紧穿过大山。"

安德拉继续向前走，为了不滑下去，他弄了根绳子，一头握在叔叔那，一头握在他这。当穿过一片树林时，他看见一个小伙子倒在地上，奄奄一息。

安德拉不忍心丢下他，就用绳子把他捆在自己的身上。然后安德拉手脚并用地朝前爬。

中午，安德拉给小伙子喂了一块面包后，小伙子的体力逐渐恢复了，他问安德拉："到了吗？"安德拉回答："还没有，你再坚持一会儿。"

短暂的休息后，安德拉和叔叔搀扶着小伙子继续往前走。下午三点，小伙子又问："到了吗？"安德拉回答："还有一会儿。"接下来，小伙子每隔半个小时就问一次，虽然得到的是相同的答案，但他丝毫没有泄气。

到了下午六点，安德拉终于看到了下山的路。这时，暴风雪已经明显弱了，他欣喜地告诉小伙子："到了。""终于到了！"小伙子大叫了一声，然后爬在了地上。

安德拉以为他是在休息，后来才发现他没了呼吸。叔叔遗憾地告诉他："因为没了包袱，他的生命也像散沙一般走到了尽头。"

这件事对安德拉触动很大，在他成立报业王国之后，他经常对员工说的一句话是："人生中最可怕的并不是死亡，而是没有包袱，因为只有包袱才会让你的生命不停步！"

隐忍是成功的最好阶梯

　　她是一名电视节目主持人，由于才思敏捷，口齿伶俐，她深得观众的喜爱。出道仅仅两年，她就成了电视台的当家花旦。亲朋同事都对她十分看好，一度认为"金话筒奖"对她来说，已是囊中之物。但她因屡次拒绝骚扰，惹火了她的顶头上司——乔治。

　　乔治早已垂涎她的美貌，曾多次在办公室对她动手动脚。在一次遭到拒绝后，乔治恶狠狠地说："我要让你跪着来求我。"

　　接着，乔治在部门会议上宣布，由于观众不满，她将不再担任原有节目的主持人，改播娱乐新闻。所有人都震惊了，她也知道乔治开始"出手"了，但她没有低头，而是大大方方地接受了安排。

　　为了把工作做好，她深入第一线，采访了很多名人，写了很多稿件，再加上新颖的播报风格，节目的收视率节节攀升。她也因此受到了总裁的特别接见。两个月后，在观众的强烈要求下，她又重新回到了原节目主持人的位置，并当选为英国最受欢迎的节目主持人。

　　但乔治不甘心失败，又出了一招，以她不是主持专业出身为由，把她调到记者部，专门跑新闻。亲友都为她打抱不平，当时她也觉得气愤，但转念一想，使她气愤不正是乔治期待的吗？她偏不向他妥协，于是她强忍下来。

缺少她主持的节目，收视率一度大跌，台长坐不住了，专程过来问："这个节目为什么不是她主持？"

"因为她不是主持专业毕业的。"乔治振振有词地回答。

"不管她是什么专业毕业的，这个节目都不能没有她，明白吗？"台长说。

迫于无奈，乔治只好让她回到了原来的岗位。

一年后，乔治被电视台裁了，成为电视台第一个被裁的员工。

她就是英国著名节目主持人，"金话筒奖"得主康妮·胡克。

2008年4月5日，她参与了奥运圣火在伦敦的传递，当时有两名"藏独"分子企图从她手中抢夺圣火并用灭火器熄灭圣火，为保护圣火，她光荣负伤。

在后来的记者招待会上，她不止一次谴责那些想破坏圣火传递的阴谋家，她说："我从不后悔自己的选择。"

有记者问及她成功的秘诀，她说："隐忍。"接着她补充："因为对于每个人来说，没有一种成功是可以必然实现的，但是只要有一颗隐忍的心，能忍别人所不能忍的，成功就会离自己越来越近。"

每次危机都是转机

那时，他只是个普通的少年，在一个普通的中学里读书，成绩也普普通通。课余时间，他最大的爱好就是和一群志同道合的同学踢球。

他对自己的学业也从没抱任何希望。就在他准备辍学的那年寒假，同学突然带来一个好消息，说市体育局正在选拔一批少年球员。一心想当球员的他有些蠢蠢欲动。

但摆在面前的难题是，他们连一套像样的球服都没有，更别说昂贵的报名费了。为了改变自己的命运，也为了证明自己行，他和另一个同学去拾荒，经常是深更半夜出去，月悬中天而回。30 多个日夜过去了，他们用自己的双手终于赚回了报名和买球服的费用。

就在准备去报名的那天早上，他们被学校的保安拦截了下来，原因是一个老师的房间遭贼了，丢了钱。而他们身上那 300 多元无法说明来历的钱，让他们百口莫辩。更糟糕的是，所有人都怀疑是他们偷的，最终连父母都不相信他们，只有他们的班主任信，说决不相信他们会那样做。拉着老师的手，他留下了感动的热泪。

最终事情的处理结果是，他和另一个同学被留校察看一年，并赔偿了老师的所有损失。

钱，是班主任代出的。

不久后，他的同学因忍受不了各方面的压力，辍学了。他也动摇了。班主任来找他，语重心长地说："孩子，我希望你能勇敢地走下去，虽然会很苦，可只有坚守，才能看到春暖花开啊。"

他就一直坚持着，抬着头有尊严地活着，只为证明他从没偷过，也为了班主任对他的信任。

六年后，他以全市最高分，考上了清华大学。后来，他去美国留学，再归来，他已经是市里最年轻有为的局级干部了。

班主任 70 大寿那天，他带着全班同学去了，谈及当年的事，他仍忍不住激动地说："如果不是当年那次危机，我也许会和很多同龄人一样，最终与泥土为伍。是您的信任让我有了坚持的动力，也才让我的人生，从此与众不同。"

此后的每一年，他都会带着大包小包去看班主任，尽管此时，老师已白发苍苍，他对老师的尊敬和感激却丝毫不减。

是啊，人一生总会遇到各种各样的危机，每次危机都是一次新的转机，只要积极对待，勇敢面对，也许一次危机就能改写你的命运。

逆境是成功的一面旗帜

　　他出生在香港，父母是普通职工，家庭并不富裕。父母本来希望他能好好读书，将来找份好工作，但他天生是个不安分的人。上课不认真听讲，放学后，就和一群同学跑到附近球场踢足球，多次跌得头破血流。最严重的一次是在小学五年级，他和伙伴们玩耍，不小心摔倒，脑袋撞到砖上，鲜血直流。闻讯而来的母亲，赶紧给他送到医院。

　　出院后，母亲并没有过多指责他，此时她考虑最多的是孩子的未来。为了将贪玩的孩子引入正轨，母亲想了很多办法，请过家教，让他上过英语培训班，但孩子依然没什么变化。直到有一次，母亲买了个 CD 机，好动的孩子突然静下来，沉浸在美妙的音乐中。见到此情景，聪明的母亲有了主意，她买来大量唱片，有谭咏麟的，梅艳芳的，Beyond 的，等等。当看到孩子对黄家驹情有独钟时，母亲更找来资料，给他讲黄家驹的成长故事，他被黄家驹对音乐执着的追求精神深深打动。有一天，母亲拉着他的手，语重心长地说："孩子，不论你将来做什么事，你都要记住，装备好自己，才能向目标进发。"他点了点头。

由于成绩太差，他会考后，就提出去工作。母亲没有过度阻拦，她希望通过社会这所大学，好好锻炼自己的孩子。

经过短期培训后，他成了一名舞蹈演员，一干就是三年。那是一段清苦的岁月，因为工资少，他的几个朋友都相继离开了。但为了自己的梦想，他一直坚持着，他在等待，等待一个属于自己的机会。

机会终于来了。《皆大欢喜》剧组来招聘演员。当得知这个消息后，他立即报了名。有朋友打击他："几百个人排队，就招一个，你就别指望了，还是做些有用的事情吧。"他摇摇头说："只要有真本事，我相信成功的大门，不会对我关上。"他是最后一个面试的，也是表现最好的一个，最终，他如愿被选上。他也凭借在剧中的表现，签约了 TVB 电视台，成为五虎将之一。

2006 年，他再一次陷入被动，绯闻满天飞，被传的"三角恋情"也导致他的形象一度受损。但是他并没有过多理会，不久后他在《突围行动》中出演正面人物童日进，因演技到位，获得了观众的一致认可。第二年情人节，他买了一台价值万元的按摩椅作为情人节礼物，献给父母。三个月后，他便接到了《学警出更》剧组的邀请，他又一次从逆境中，抓到了成功的机会。

他就是吴卓羲。2010 年，他出演的《大丫鬟》，一上映就夺得湖南地区收视榜的冠军，收视率高达 19.1%，在湖南地区的市场份额更是达到惊人的 46.38%，堪比新年电影《阿凡达》。

从调皮少年到舞蹈演员，从电视剧演员到全才明星，吴卓羲成功的经历告诉我们，要想成功，首先得把自己武装好，把基础打好了，就算陷入困境，也照样能绝处逢生。因为逆境，往往是成功的一面旗帜。

人生，就是和自己较劲

曾被评为"2008 年亚太地区最具创造力华商领袖"的互通科技集团董事长胡俭强，因为出身寒微，从小就和父母风里来雨里去地忙碌。好不容易赚了一些钱，却因为父母投资失败，家里欠了一屁股债，胡俭强也被迫辍学打工。

胡俭强在工地上搬过石头、抹过水泥；在饭店里刷过盘子、扫过地。他以为这样就能还清家里的所有债务，只是他想错了。就这样奔波几年后，胡俭强终于得到了一个足以改变他命运的机会，在普通高中任教的远方表哥找到他，并劝他参加高考，在奋战六个月后，胡俭强如愿以偿地跨进了大学的校门。

胡俭强深知学习的机会来之不易，在武汉大学四年的读书时光里，胡俭强恨不得把每一分钟都掰成两半用。他起得比别人早，睡得比别人晚，做得也比别人多。大学毕业后，胡俭强去了沿海城市，他希望能站在更广阔的舞台上，实现自己的宏图伟业。然而事与愿违，刚开始的时候，胡俭强连最基本的温饱问题都难以解决，只好放弃，并准备回家。临行前一天，他打电话给远方的父亲，父亲语重心长地说："孩子，在短暂的一生中，你能飞多高，走多远，都取决于你是否具备成为强者的精神，是否敢于超越自己。"父亲的话最终让胡俭强一颗浮躁的心彻底平静下来。他决定以满腔的热情和勇于挑战的精神，面对眼前的一切困难。

后来，胡俭强跳槽进了一家民营企业做销售，从一名普通的销售员一直做到公司副总裁的位置。2004年，胡俭强在江浙一带已经小有名气。就在大家都羡慕他的成功的时候，胡俭强却辞职了，然后北上，一切从零开始。很多人不解，胡俭强却笑着说："我现在还年轻，并不想就此停下奋斗的脚步，我想站在更高的一个台阶看自己，并且勇敢地去追求自己想过的生活，这才是最有意义的事情。"

经过翔实的市场调研后，胡俭强最终将创业的起点定在了互联网，尽管当时互联网产业已经发展得如火如荼，但很少有人能看到互联网和有线网络的联系。在这么一种情况下，融合了平面、电视、广播、网络等四大媒体优势的 IZO 企业电视台便应运而生。

2008年，胡俭强投入千万资金开展了"春风行动"。2009年他又以卓越创新解决方案开启了3G视频商用近4000亿元的市场蓝海。胡俭强的每一次决策，给公司带来新的发展机遇的同时，也带来了颇为可观的利润。而现在，他正带领着集团吹响了向在纳斯达克和创业板上市冲刺的号角。

从一个优秀的职业经理人，到一位可以将对产业的理解付诸实践的企业领袖，胡俭强完成了他的华丽转身。谈到他的成功秘诀，胡俭强说："父亲从小就教导我，人生就是一场赛跑，更多的时候不是和别人较量，而是和自己较劲。所以，我一直在不断挑战，不断修炼自己。我从不惧怕进入任何全新的领域，也正是每一次和自己的较劲，才成就了今天的互通科技，成就了今天的我。"

送给上帝的 1001 朵鲜花

约翰是美国组约贫民窟的一个孩子，他的父亲在参加伊拉克战争时做了逃兵，后来被路边炸弹炸死了，母亲也改嫁了，可怜的约翰被送到了一所教会学校。他从小受到了很多歧视，班上同学打他，骂他们一家都是懦夫、怕死鬼。每次班上搞活动，他都只能远远地看着。

又一个学期来了，约翰的视力变差了，他想换一个离黑板近点的地方坐，刚搬动桌子，就遭到了同学们的排挤。一个黑人同学叫嚣着："滚远点，你这个懦夫的儿子，上帝唾弃的野种。"约翰哭着跑出了学校，正好遇到了神父，约翰红着眼睛说："神父，我真的是上帝唾弃的野种吗？"神父摸着他的头说："傻孩子，上帝是爱好和平的，在他眼里，你父亲不仅不是懦夫，反而是大英雄。"约翰哭着问："神父，你说的是真的吗？"神父认真地点点头，又说："来，孩子，我们一起去给上帝送花吧。"

神父带着约翰在郊外摘了一朵野花，然后把它放在了教堂的祭台上，神父说："真美，你看到了吧，上帝收下了你的鲜花，那说明，他并没有把你当成可被唾弃的野种。"约翰吞吞吐吐地说："可是，我的父亲确实当了可耻的逃兵。"

神父抚着他的头说："孩子，上帝是讨厌战争的，尤其是侵略的战争，你父亲的行为在上帝眼里就是正义的表现，瞧，他正受着上帝的嘉奖呢！所以，你应该为你的父亲而自豪。"

第一次，约翰不再为自己的父亲是逃兵感到苦恼。

约翰不再计较伙伴们对他的看法，他抓紧时间学习，但每周他都会采一朵野花送到教堂里。他深信，上帝会把那些鲜花转赠给他的英雄父亲。多年后，约翰成了美国的一名记者，同时也是一个著名反战组织的领袖。

一次，约翰捧着一朵野花走进教堂，和须发花白的神父相遇，神父说："约翰，如果我没记错的话，这已经是你的第 1001 朵鲜花了。"约翰点点头。

神父说："当年那些嘲讽你的孩子，现在大都一无所成，反而，你凭借自己的信念和执着，走出了一条光明大道，可见，上帝并没有唾弃谁，他所宠爱的，是那些为了前程勇敢拼搏的人，这才是我让你送花的苦心所在。"约翰的心再次被感动了。

人生在世，谁都曾被嘲笑和歧视过，但不必在意，用信念和毅力点亮自己的前程。当你奋斗到一定阶段，一定能成为上帝的宠儿，因为上帝，只偏爱执着和奋斗。

生命的韧度

知道那个女生已经很久了，那是在电视上，她站在倒塌的教学楼旁，双手不停地挖。她殷红的校服在惨白的照明灯下显得格外刺眼。看打扮，她应该是这个学校的学生。但其实，她是一个回来探亲的大学生。

后来，我才知她就住在我们小区。她在那天晚上的余震中受伤，在医院里整整躺了3个月。

再次看到她时，已经是年初。她夹着只画笔，在小区里走来走去。我就纳闷了，好好的，怎么不去找工作？不过，我并没有半点看不起她，能从地震的阴影里勇敢活下来的，都是我心中的英雄。

当她在论坛里发帖的时候，她确实让我震惊。有人冷嘲热讽，说她纯属是在炒作，但更多的人报以理解和支持。至少从没有人在论坛上卖彩绘作品，她是第一个敢吃螃蟹的人。她说她身上的钱已不够一顿饭钱。她又说在成都这座繁华的城市里，她举目无亲，希望大家能伸出援助之手。

短短的半个小时里，留言就有300条，留言的人中就有我。在此之前，我一直试图帮助她。听地震灾区的人说，她以前有一个幸福的家，父母都是人民教师，那一次地震，只有她幸免于难。

　　我见到她的时候，她正在租住的房子里弄彩绘作品。问她为什么不做点别的，她说她就是学这个专业的，能做什么呢？从她的脸上，我看不到任何悲伤，有的只是坚强和自信，我欣慰地笑了。

　　她转身拿了瓶水给我，她说她有男朋友，是在地震时认识的，过些天要到成都来。

　　我说那你们感情一定很好吧。她低头笑笑。我又说，你不仅仅只是为了卖几幅作品谋生吧？她有些惊讶地看着我，低头沉思了一会儿，才说："我本来是希望能组建一个工作室的，但知名度太低，加上生活拮据，迫不得已才出此下策。"

　　我说，你这么坚强的人，一定能成功的。她笑了笑，起身送我，我下楼的时候，转身和她挥手告别。

　　第二天晚上，她突然来找我，一脸兴奋地说："托你的洪福，我有一幅作品卖给了一对新婚夫妇。第一单生意，虽然没赚多少钱，但我已经很开心了。"她从身上摸出一对很特别的石头说："也没什么东西送给你，这是母亲在我18岁生日时送给我的幸运石，希望能给你带来好运。"那一个晚上，我们聊了很久，她很阳光，也很有主见。我完全相信，这样有理想、有抱负的人，命运一定会加以善待。离开的时候，她又说："等我男朋友来了，我们再来拜访你。"

　　一周前，她突然给我打电话，说她已经组建了一个彩绘工作室，招了 7 个人，现在每个月的收入都有 1 万多。她还告诉我，这仅仅是个开始，接下来，就是准备利用与装修公司合作的关系薄利多销，最终扩大规模将家居彩绘做成产业。

是的，这个世界上，真的没有任何事物，可以阻挡信念和决心。即使有人暂时被痛苦淹没，但只要勇气还在，恒心还在，终有一天，他们能重新焕发生命光彩。

你必须对自己的人生负责

那一年，一个年仅 15 岁的少年踌躇满志地来到毛衣厂打工。他所接到的第一份工作便是给毛衣抓毛。第一天上班，带他的师父只是简单交代了一番，便出去了。他有些不知所措，因为他不知道如何下手。他去问同在一个工厂上班的母亲，却被老板撞见了，被以无心工作的理由炒了鱿鱼。

出门的刹那，他回过身对老板说："总有一天，我要开家比你的工厂大十倍的工厂。"母亲拍着他的肩膀问："你需要多少年？"他信誓旦旦地回答："15 年。"

很快，他找到了第二份工作，当牛仔裤裁缝的学徒。有了第一次失败的教训，他做起事情来相当谨慎。他经常做到凌晨一两点，对这样的高负荷，他没有丝毫怨言。一做就是两年，除去交给父母补家用的部分，他还积攒下 1500 元。

就在同龄的孩子羡慕他在为自己的人生打工时，他却有了新的想法。他要开家小工厂，为了支持他，母亲也从工厂辞职了。他利用自己所赚的钱，租了一间屋子和两台旧的制衣机。为了最大程度地缩小成本，他利用这两年积攒下的人脉，在大公司收原料，再承包给附近的家庭主妇加工，最后自己做"上裤头"等工序。

三个月，他就挣到了两千元。一年后，他有了两万元的进账。他又利用这些回笼的资金，租更大的屋子，买更多的机器，并开始大批量加工。

但他并不满足他所取得的成绩，在参加一次小型企业家会议时，他认识了不少经纪人。在他们的介绍下，他干脆直接为外商加工。为此，他成立了达成制衣厂，开始进军香港的制衣界。此后的几年，他又利用内地的资源，在国外多个地区开设企业，并成立了香港达成集团，他成了香港家喻户晓的大名人。

香港商界和媒体对他的成就大为赞美，因为他仅仅用了15年的时间，就实现了自己的诺言。他也抓住这一难得的契机为自己造势。1985年，他趁着改革开放的春风，来到了深圳，第一年便投资500万建服装厂。在他的影响下，大批港商纷纷拥到深圳掘金。三年后，他在深圳晶都酒店开办了全国第一家大型潮州酒楼佳宁娜，之后他又投资26亿元建设华南国际工业原料城。1991年，他再次投资10亿多元建造了佳宁娜友谊广场。从此他进军房地产业、制鞋业、旅馆业、娱乐业等多个领域。

此后的几年内，他充分利用潮州人对潮州菜的感情，让遍布全球的潮州人成了潮州菜的推销员。他相继在广州、温哥华等地开设分店，把佳宁娜打造成了第一家中餐跨国饮食集团。

2005 年，在别人的质疑声中，他再次做出非凡举动，在湖南益阳投资 28 亿元，建设佳宁娜益阳梓山湖新城。正是依托梓山湖新城，公司的股票价格升了一倍。

"我必须对自己的人生负责，所以我从不走别人走过的路。"这是他成功的秘诀。当初在香港做牛仔裤起家，很多港商纷纷效仿，他却把目光瞄准了内地，果断地在深圳投资，就是这一步棋，让他的事业有了全新的飞跃。

故事中的这个人，就是香港达成集团及佳宁娜集团董事局主席、全国政协委员马介璋。从做牛仔裤，到开潮州菜馆，再到建设佳宁娜广场，再到开办华南国际工业原料城，他的每一步都是别人没走或者不敢去走的。也许有人会说他只是运气好，而幸运，是源自每一步对机遇的把握。善于思考，果断投资，只有这样，才能永远和别人与众不同，而成功，也往往就是这么简单。

雷公花的哲学

在我公司附近有个公园，里面有种花，这种花有个特性，平常它长得枝粗叶大的，可就是不开花，不管你怎么施肥，怎么剪枝，它照样把花蕾收得紧紧的；只有在强大的雷电下，花蕾才会绽开，化作满地的嫣红。因为有这种特性，人们都叫它"雷公花"。

其实生活中到处充满了雷公花的哲学。

我大学有两个朋友，刚结束实习，接着便开始紧张地找工作。恰好有家私人企业来学校招聘，两个朋友都去面试了。一周后，公司来电话，让他们马上去上班，并开出了很优厚的酬劳。这时问题就来了，一个朋友论文还没写完；另一个朋友写完了，却在外地查资料，帮老师做课题。权衡再三，第一个朋友选择了去公司，因为他想，利用闲余时间也是可以做完论文的。但去了公司，他整天忙得很，周末也经常加班，再加上缺少资料，他的论文一直无法完成。而另一个朋友，他的老师不想放他走，他自己也不想走，毕竟外出做课题是难得的机会，错过了说不定就没这样的机会了，所以他没去。

谁知三个月后，第一个朋友沮丧地回来了，他在公司过得并不好，试用期没满他就被裁员了。那时离答辩只有几周的时间了，他只好草草地把论文做了。而第二个朋友利用这三个月的时间，和老师一起完成了课题，还出了本专著，他撰写了其中的两章。

毕业答辩后，第二个朋友由于有课题研究的成果很快被一所高校录用了，第一个朋友只好自叹不如了。

很多时候我们都是仰视机遇，如果机遇真的在我们手心里，那估计也新鲜不了多久。试想一只翅膀没有长硬的海燕又怎么能在变幻莫测的大海里翱翔呢？与其被折伤，还不如藏在生命的花蕾里，不断积蓄自己的力量。等到最能体现生命价值的机遇来临的时候，就像雷公花一样，在雷电强有力的牵引下，化作满地的嫣红啊。

那个在网上人肉营销的人

认识他，是在我经常去逛的一个论坛里。他在那里发帖，比如如何鉴别真假货，如何选择卖家。因为好奇，我打开了他的帖子，就这样聊了起来。后来才知道，他和我住在同一个小区里。

在之后的日子里，我一直关注着他。他总会给我一点惊喜，比如他会问我："你知道什么叫六度分离理论吗？"见我不知，他只好自问自答："所谓六度分离，是说世界上任何两人之间通过 6 个人就能联系起来。这看起来非常奇怪，但科学研究发现，这的确是事实。"他还问过我："你知道什么叫人肉营销吗？简而言之，就是利用自己的人脉关系，帮别人推荐网店产品，从而获得提成。"

很多人都会认为他是一个职业网客，但实际上不是，他只是一个大二的学生。有时候我很纳闷，他怎么不去好好读书，却在网上瞎折腾？不过，我并没有看轻他，这样的男生，至少是我喜欢的类型。

他在网上的每一个帖子，都会引来众多跟帖，很多人都说他的帖子专业而细致，为网购的人节省了不少的时间。也有人认为他是在作秀，是在炒作自己。但不管怎样，他红了却是不争的事实。

　　于是，大家都叫他"淘客男"。

　　后来听说，他之所以去做网络兼职，是因为他的母亲。他家境并不好，为了供他读书，母亲一天到晚地忙碌，一不小心病倒了，是急性动脉硬化。虽然最终脱离了生命危险，但需要进行很长一段时间调养。为了赚足母亲的医药费，他找了几份兼职，但仍然不够，在朋友的建议下，他便当起了淘客。

　　他告诉我，第一个月他共成交了487笔生意，收入3458元。动动键盘，收入就这么高，我感到十分惊讶。因为好奇，我决定去他住的地方看看。

　　进去时，他正在紧张地忙碌着，电脑桌面上显示出很多排列有序的word文档。他告诉我，他每天都会在电脑中保存几十甚至上百条网店信息，之后再分门别类进行筛选。我问："那你岂不是天天都要起早贪黑？"他点点头说："五点就起来了。没办法，以前人肉营销的人很少，现在成批成批地增长，所以竞争也越来越激烈了。"要离开时，他突然说："我准备做一个网站，祝我成功吧。"我说："你一定会成功的。"他笑了笑，目光投向远方，在他的眼神里，我看到了坚持。

　　一个月后，他突然来找我，笑得很开心："借你的吉言，我成功了。现在有几十万人收藏了我的网站，很多朋友在网购前都会来我的网站看看，这个月我拿到了一万多元的提成。"

从那以后，他经常会来找我，我们谈人生，谈理想，谈创业。他说，等他母亲的病好后，他准备和几个志同道合的朋友组建一个淘客团队，以获得更大的发展空间。我完全相信，像他这样有主见、有思想的人绝对不会被尘世淹没。

两周后，就听说了她母亲出院的消息，而且有几家网络公司向他递出了橄榄枝，但都被他委婉地拒绝了。他觉得自己还年轻，还处在积累经验的阶段。他说，做网络营销仅仅只是个开始，等毕业了，他要建立属于自己的公司。

还有什么好说的呢，我只能祝福他，并且支持他。一个刚刚上大二的学生，就以网络证实了自己营销的能力。在这个人肉营销的年代，他用自己的智慧和勇气，一步步坚持下来，也走出了与别人不同的路。这样的年轻人，无论是胆量，还是眼光，都值得其他人敬佩。

是的，这个世界上并没有不能成功的事，只要敢想敢做，并且脚踏实地地去实践自己的理想，一点一滴累积，一天一天坚持走下去，终究能走出属于自己的一片艳阳天。

就比如在网上人肉营销，就比如他。

第六章

愿你永远面朝太阳，
拥有半暖时光

如果有来生

他从没想到会再次踏上去山西的旅程。娄烦发生事故后，凭着职业的敏感度，他知道官方的报道是一个谎言。在联系当地朋友，得到确切答复后，他和搭档一起踏上了去山西的火车。

任何真相的揭露都不是一件容易的事。在去娄烦的汽车上，他就听说了有很多记者去过，但都是无功而返。怎么办？他果断决定在县城的入口处下车，然后步行进入娄烦。在通往事故现场的路上，有三道关卡。为了不被人发现他们的记者身份，他们只好绕道，然后在好心人的带领下，进入事故现场。这样，本来只有十分钟的路程，他们却整整走了三个小时。

他从没想到现场会让他如此触目惊心。在距离塌方事故六米的地方，推土机呼啸而过，一位满头白发的农民手拿死去孩子爱吃的香蕉和面包，在后面一边追一边大喊。然而所有的努力都是白费，当地政府已经拒绝挖掘，这个农民唯一能做的就是跪地大喊亲人的名字。随着采访的深入，更多的细节浮出水面，灾难真正源于矿渣山的突然滑坡，沙土不仅掩埋了山脚下的农民，而且也将上山捡矿石的人悉数吞没。

　　而更进一步的采访是非常艰难的。在这里，死者家属的一举一动都受到政府的监控，稍有不慎，就会被抓被殴打。他只能小心翼翼地通过一个家属联系另一个家属的方式来进行暗访。即便如此，在一次和家属的短暂接触后，便衣的警棍还是架到了他的脖子上。如果不是家属过来解围，说他是远房亲戚，他肯定免不了挨一顿毒打。在这里，这是司空见惯的事。

　　在掌握了确切的证据后，他将遇难人数初步确定为 41 人。离去的那一刻，很多家属抱着他们失声痛哭，那期盼的眼神，他这辈子都无法忘记。

　　然而，让他始料不及的是，他所有的检举都被束之高阁。怎么办？难道让真相永远被掩埋？让那么多生命消失于当地政府的谎言中？良知和责任在一遍遍拷问着他。他终于做了一个大胆的决定，他在自己供职的媒体上发表了娄烦事件的真相，文章被很多网站转载。他本想借助媒体的力量，只是他没想到在有些部门的管压之下，舆论也变得苍白无力。

　　他觉得不甘心，那些夜晚，他彻夜难眠。中秋节，他开始给山西省代省长写信，他唯一想的就是让真相大白于天下，还那些惨死的人一份尊严。为了能引起更大关注，他把这封检举信挂在了自己的博客上。但他没有想到，三个小时后，他在博客上的文章就被删除，而此后威胁和警告的电话也一个个打来。

　　他感到万分沮丧，人也整整瘦了一圈。四天后，他终于接到国务院打来的电话，邀请他参与娄烦事件的调查。

　　想到被掩埋了 40 多天的真相终于即将大白于天下，他激动得流下了欣慰的泪水。

　　他就是《瞭望东方周刊》社会调查部主任、主笔，曾是《西安晚报》优秀编辑记者的孙春龙。很多去过娄烦，但迫于种种压力没有公布真相的记者问他："是什么原因，让你如此锲而不舍地坚持下来。"他只说了两句话，第一句是"我只是一个有良知的中国记者"，第二句是"如果有来生，我希望他们幸福"。说这两句话时，这个坚毅的铁汉，再也控制不住自己，泪流满面。

一句我爱你，胜过一万句我能干

李书福出生于浙江台州的一个贫困山村，家里虽然穷，但他从小就受着良好的家庭教育。

童年时候的李书福，最喜欢的事情莫过于把捡来的电器，拆了重装。10岁那年，家里刚装上电灯，兴奋的他立马拿着自己组装的录音机去调试，结果造成短路。李书福原以为自己会被大骂一顿，没想到父亲却拿着煤油灯，和他一起忙碌起来。在这种自由而宽容的家庭教育氛围里，幼年的李书福萌生了一个伟大的理想，那就是，他要做大老板，成为人中之龙。但他的理想却遭到了同伴们的鄙视，他甚至得了一个"少年狂人"的称号。

高中毕业后，李书福拿着父亲给的120块钱，在景区做起了照相生意。但他志不在此。一次偶然的机会使李书福发现，家乡地区的冰箱零部件销路很好，他立即联系了几个志同道合的同学，合办了一个冰箱配件厂。

因为客户资源有限，工厂发展举步维艰。为了调整经营方向，一年后，李书福做了一个大胆的决定，那就是生产电冰箱。凭着过硬的质量和良好的信誉，产品逐渐打开了市场。五年后，产值已经超过千万。

但危机接踵而至。1989年，国家对电冰箱实行定点生产，工厂该何去何从，不同的人有不同的意见。有一次，工厂上层召开会议，商讨未来发展方向。有的人提出进军餐饮业，有的人建议去造摩托车，但这些建议都遭到了否决。李书福最后提出了南下战略。

"南下，有可能会全军覆没。"很多人这样劝他，但李书福有自己的打算，他心里有一个汽车梦，他决定先去大学里充电。

就这样，李书福只身来到了深圳大学深造。在读书期间，他购买了一辆中华牌轿车，在技术员的帮助下，他甚至将汽车拆了又重装。至此，一个造中国自己汽车的构想在他心里正式形成。

但进口装修材料的火爆，打断了他的构想，他决定先回台州创业。不久之后，他的工厂生产出了中国的第一张镁铝曲板。

李书福并不是一个安分的人，当看到海南房地产火爆时，他的心又蠢蠢欲动了。有人劝他："房地产很可能只是个泡沫。"但一心想为将来发展积累财富的李书福，还是决定去试一下，为了保险起见，他只带走了公司一半的资金，结果差点血本无归。

从海南绕了一个圈，李书福又回到了台州。经过长达三个月的冷静思考之后，他正式提出了造汽车的构想。只是在20世纪90年代，汽车行业还没向民营企业开放，许多人觉得此举风险太大。

"现在没有开放，并不代表将来不开放。我们干大事，就是要从别人没做的地方开始，要有市场前瞻性。"李书福说。

接着他用国外汽车发展的经历，进一步论证了中国汽车行业发展的美好前景。

"如果我们现在不做，等汽车业在国内成熟了，再去做，就失去市场优势了。"

这番话引起了在场所有人的思考，经过讨论，公司决定进军汽车行业，在浙江临海经济开发区买了850亩土地作为生产基地。李书福给他的汽车取了个很好的名字——吉利。

2001年，李书福的吉利汽车正式登上了国家经贸委发布的第七批《车辆生产企业及产品公告》。在这之后的几年，李书福用心经营着自己的事业，不仅销售业绩年年翻番，而且他还一直用爱心温暖着他的员工。与其他民营企业相比，吉利员工鲜有跳槽的。正是有这么一批战斗力和创新力极强的员工，李书福才在2002年豪情壮志地说："终有一天，我们要收购世界名牌沃尔沃。"

连续几次碰壁后，李书福并没有气馁，他一方面想方设法跟福特公司接触，另一方面他通过不断参加美国的车展来证明自己的实力。事情终于有了转机，2009年，李书福带了近200人的谈判团队，走到了谈判桌前。

2010年3月28日，福特公司最终摈弃法国雷诺汽车公司，和李书福签下了收购协议。中国人以100%控股的方式，成为汽车顶级品牌沃尔沃的老板。

　　在其后接受记者采访时，李书福透露了其中的一个细节，在谈判最艰难的时候，对方要求他用三个字说明，为什么吉利是最合适的竞购者？这本是一个故意刁难人的问题，李书福只回答了三个字：我爱你。就是这三个字的表白，使他最终赢得了竞购。

　　当谈及对年轻创业者有什么忠告时，一向幽默风趣的李书福突然严肃起来，他说："我鼓励年轻人创业，但我认为创业过程是很难复制的，所以必须有前瞻性；其次就是脚踏实地做实事；最后一点尤为重要，要用一颗热爱的心，一句我爱你，胜过一万句我能干。"

分出你的一点时间来爱

魏源是清代著名思想家，他学问渊博，同时也谦和有礼。

有一年，武将王锡朋奉布政史贺长龄之命来接魏源到江苏主编《皇朝经世文编》。王锡朋来到魏源的家门口，给仆人报上姓名后，却见魏源亲自过来要给他牵马，这位战功赫赫的武将吓了一跳，慌忙从马上下来，脸上的傲慢之气尽收。

和魏源在一起的半个月里，王锡朋对魏源是越来越钦佩，言语间处处透着尊敬。

有一天，他和魏源驱马到附近的公园游玩，在入园的小道上，对面忽然驶来一辆大马车。由于路很窄，双方不能同时经过，他们就在路中间僵持住了。王锡朋是个火爆脾气，拔出佩剑，就欲上前喝骂，被魏源一手拦住。

只见魏源面带微笑，轻抖马缰绳，转头离去。这事让王锡朋十分不快。事后，他纳闷地问："明明是我们先上的那条路，为什么你不让我去修理那几个不懂事的家伙。"

魏源微笑着说："怎么修理呢？用剑？可剑是用来保家卫国的。你有没有想过，这样的事情你每天都有可能遇上，真有必要大动干戈吗？何不学着去容忍去接受呢？分出你的一点时间来爱戴这些百姓，人生的路会越走越宽。"

　　"分出你的一点时间来爱"，多实在的一句话啊。从此以后，王锡朋便用这句话来鞭策自己和手下的士兵，他所带的队伍也成了当地老百姓最拥戴的。1841 年 10 月 1 日，为了守卫疆土，他和他的属下，全部牺牲在定海的晓峰岭。人们在打扫战场的时候，发现他的手里还紧紧抱着一个被炮弹炸飞了双脚的士兵。

仁爱比聪明更难做到

他出生在威斯康星州，小时候，由于家里贫困，他不得不利用课余时间，在校区里推销报纸。13 岁时，他承包了学校的电话卡业务，凭着自己的聪明才智，不出三年，他就成为学生中小有名气的"富翁"。

那年暑假，他邀请一家人去佛罗里达州度假，路上他看到几个乞丐，出于好心，他从车上扔了几张票子。出乎他意料的是，那几个乞丐不屑地走开了，他大感不解。父亲拍拍他的肩膀说："孩子，尊重比施舍更重要。"

在佛罗里达州，父亲遇到了一位故友，两个人边抽烟边聊着。他自作聪明地走上去，问出父亲故友的烟龄和每日烟量后，他得意地说："按照每支烟缩短两分钟寿命的理论来计算，你将少活 15 年。"他本是一番好意，却没想到父亲的故友竟当场哭了起来。父亲见状，安慰了故友一番，又语重心长地对他说："孩子，终有一天你要明白，仁爱比聪明更难做到。"父亲这两句话，虽不长，却深深震撼了他的心。

他就是肯尼斯·贝林，成功的商人、投资者和慈善家。27 岁就成了百万富翁，之后他转战佛罗里达州，从事地产开发。在生意取得巨大成功后，他转向慈善事业。他的慈善义举之一是创建世界轮椅基金会。这个组织专门负责向发展中国家捐赠轮椅。他和他的追随者，走遍世界，给无数需要的人送去了希望、尊严和自由。

孝心是一扇门

三年前，我大学毕业，只身北上，加入了一家外企。凭着诚实和勤奋，我很快当上了销售部主任。公司老总，也是我的老乡，人很严肃，单位的人都很怕他。

公司每年都会进行招聘，那一年的招聘正如我们所预料的一样，前来应聘的人很多，光是自荐书就收了整整两箱子。原本预订的丰富午餐也改成盒饭，匆匆吃完，我们就加班加点地进行首轮筛选。

下午两点，面试准时开始。我们分成两组，一组负责普通职员招聘，一组负责策划部经理助理的招聘。很自然地，老总负责第二组。

老总发给每位应聘者一张纸，让他们写上自己的兴趣、特长和获过的奖励，然后老总不慌不忙地拿着简历一一对照应聘者。很快他宣布了第一轮出局的人。让人出乎意料的是，离开的竟然是那些"顶级高才生"。老总意味深长地对我说："公司总不能招一些假荣誉包装起来的庸才吧。"我恍然大悟，不得不佩服老总心细如发、眼光独特。

接下来，老总又让他们各自阐述对公司长期发展的设想。半个小时后，老总又公布了第二批留下的人。老总慢条斯理地告诉我，相比以往，目前公司最需要的是一批勤俭务实的人，这样的人才能帮助公司早日渡过金融危机影响下的寒冬。

这时，面试现场只剩下两个人了，一个叫于小北，一个叫成林。他们都有丰富的工作经验，也都很自信，只是成林比较着急，不时看看墙上的钟。老总接着跟他们聊起了家庭情况。这时，时钟刚刚指向四点，成林突然站起来说："不好意思，请问应聘还需要多长时间，我并非有意打断，只是我的母亲还住在医院，在等着我去给她送饭。"老总也严肃起来，再等一分钟。接着，他说："我们公司给策划部经理助理这个职位开出的薪资是年薪六万，你们两个都很优秀，但我更希望能招到一个全心全意工作的人，我不希望你带任何包袱过来，成林，你能做到吗？"

也许是高薪的诱惑，成林沉默了，但紧接着他使劲地摇头。他不卑不亢地说："非常抱歉，如果要以牺牲家人的利益为代价来换取工作，我做不到。母亲是我唯一的亲人了，我答应过她，要照顾她，一直到老，我不能食言。"老总脸上露出了满意的表情，他握着成林的手说："小伙子，你是好样的，就是你了。这样吧，你先回去好好照顾母亲，等你母亲好了，就带她来公司，我破例给你和你母亲安排一个理想的房间。"

　　招聘结束后，老总还不停地表扬成林，他告诉我："要是他同意我的说法，我反而不会录用他。因为一个连母亲都不孝顺的人，怎么能把公司当自己的家呢？"

　　的确，孝心是一扇门，如果你不具备孝心，就等于封死了自己的路。但如果拥有了这扇门，并时时刻刻把门敞开，前面才可能有一片属于自己的天地。

在仇恨里开一朵宽容的花

　　父亲说，这个世界上，只有宽容，才是一个人终生快乐的行囊。这是父亲和他说的最后一句话。但他没听父亲的话，他的小小世界里满是仇恨。7岁，他会拿起砖头把邻居家的窗户砸个粉碎，然后在夜色掩护下跑得无影无踪。8岁，他会偷偷在女同学的桌子下钉一颗钉子，然后听着裙子被划破的声音得意大笑。

　　13岁，他读初中，没过半个学期，他因臭名昭著多次受到校长的点名批评。只是对这个无依无靠的孩子，谁也无可奈何。15岁，他的多次恶作剧，已经气跑了两个班主任，第三个班主任是年纪轻轻的小女孩，她刚毕业，长着一张稚气的娃娃脸。

　　她第一次走进教室，他在讲桌和黑板上涂满红颜料，他以为这样就能把她吓跑。她却视若无睹，继续讲着课。那天，她讲的是她小时候的故事，学生们都听得非常投入，唯有他例外。他把眼睛眯得细细的，脑海中闪过千百种对付她的念头。接下来的一周，不管他如何闹，如何使小动作，老师总是不愠也不火，路上遇见，离老远就跟他打招呼。这让他有些受宠若惊。

　　他很快注意到，几乎每个周五的下午，老师都会去一趟老城区。他感到很好奇，有一天，他悄悄地跟在后面。

她走过几条街道，在一个偏僻的街道停住了。意外就是在这个时候发生的，一辆摩托车呼啸着冲了过来，坐在后面的一个小伙子顺手就抢过了她手上的包。他先是怔住，然后撒腿朝前跑，边跑还边喊。

也许歹徒太过紧张，转弯时，摩托车翻倒在地。他低声骂了句活该，然后从在地上抽搐的歹徒手里抢回提包，正要往回走，却见班主任低头弯下腰。不会想以德报怨吧，他想。这只是在电视里才看过的情节。"快帮我抬一下。"老师发话了。他愣了一下，走上去帮忙。

从医院回来，老师说："谢谢你的帮忙，要不然我还真抬不动两个大男人。其实，你的心地并不坏，只是被仇恨迷住了眼睛。"

他再次愣住，忽然想起父亲临终时所说的话。老师瞟了他一眼，继续说："在来这个班之前，我也知道一些你的故事。你们家以前很富裕，只是因为你父亲善良，收留了个无家可归的小偷，结果他把你家值钱的东西都偷走了。你父亲在郁闷中死去，母亲也改嫁。从那个时候起，你就憎恨这个社会，你觉得你家变成这样，都是这个社会害的。你觉得你存在的价值，只有报复；也只有在无休止的报复中，你才能找到快乐。"顿了顿，她又说："其实，我的家庭也和你一样，有过类似的遭遇，但我从没恨过别人，我一直是以宽容的态度来对待生活。每个周五，我都会去老城区，那里有几个孤儿等待我的救助。孩子，不要再仇恨下去了，学会用一颗善良的心来面对你周围的人吧，就像你今天做的这样。"

他是低着头回家的，泪水早已湿了他的脸庞。从那以后，他仿佛换了个人。不再搞破坏，不再搞恶作剧，每天都认认真真看书，一有不懂的，就往老师办公室里跑。三年后，他考上了长沙的一所重点大学；四年后，他去了广东工作，凭借着优异的表现，他现在已经是一家企业的副总经理，他就是我的哥哥。每年他都会去看一次他的老师，每次他都会动情地说："老师，我之所以有今天，多亏了你当年的劝导。我真诚地谢谢你。"

是的，在这个世界上，每一次善举，都是在给自己开一朵绚丽的花。或许你曾被别人欺骗过，或许你曾憎恨过，但你无法一下子改变这个社会。你唯一能做的就是在自己的心里种一颗善良的种子，用爱孕育，让种子开花。这些绚丽的花，会温暖你和你周围的人，一朵一朵连起来，世界就能阳光明媚，花团锦簇。

自己改变自己

几年前，山城重庆住着一个姑娘叫杨冰。她从生下来就多灾多难，做什么事情都不顺利，身边的人都叫她扫把星。她也一直都自暴自弃，认定自己永远也得不到幸福。其实她要的幸福很简单：有几个真心的朋友和一个爱自己的老公。很多时候她都认为这是种奢望。

在一个温暖的下午，不幸的杨冰走进了一家很著名的心理医生的办公室。他凝视她，她的眼神空洞而呆滞。她脸色苍白，面部肌肉僵硬，连讲话的声音都好像是从地狱里飘出来的。她好像在询问："我是不是真的无药可救了？"

心理医生请她坐下，问了一下她的基本情况，然后说："小杨，你这还不是太严重，如果按照我说的去做，是能够改变的。首先你要学会笑，因为笑是能感染人的。"

杨冰抬起头，挤出一丝笑容。"还要自然些，可能是你以前笑得太少了，"心理医生顿了顿，接着说，"以后，你要学会笑，笑是你最好的朋友。明天你去理发店把头发弄一下，再去买套好的衣服。注意，你不要自己拿主意，按照别人的建议做，因为适当听从好心的提议总是有益的。在做这些事情的同时，你要始终都抱着乐观的心态。后天，我要去参加一个舞会，你若能抽出时间也来吧。"

杨冰低下头，摆弄着自己的双手。

"你是怕舞会会弄得自己很尴尬？"

"我想是的，我长这么大，从来没有参加过什么活动？"

"正因为如此，我才让你来，不过我是来请你帮忙的。这个舞会是我朋友开的，需要几个帮手。"

"那我需要做什么吗？"

"很简单的，开始时你要帮我站在门口迎接客人，不管是哪个人进来了，你都要上去打招呼；舞会开始后你就要留意在什么地方能帮助客人，比如哪个人没有茶了，就去倒一杯，比如哪个人不舒服了，你就去照顾一下，陪他说说话，解解闷。小杨，你扮演的角色很重要，你确信自己能胜任吗？"

杨冰肯定地点点头。周末的时候，她穿一袭粉红色的长裙来到了舞会现场。她按照心理医生的交代尽职地站在门口，浑然忘了自己，只想着去帮助别人。她大方得体，美丽动人，赢得了舞会嘉宾的一致好评。

散会的时候还有好多男青年争着要送她。

不久就传出了她要结婚的消息。

后来，杨冰的丈夫找到心理医生，感谢他改变了妻子的一生。

　　"这都是她自己的功劳，"心理医生说，"人嘛，不要总是想着自己，而应该学着去关心别人、帮助别人，这样的生活才有意义。小杨明白这个道理了，所以变了。是谁让她改变的？是她自己。这个道理很简单，人人都明白，只是很多人做不到！"

善待那个最潦倒的人

农历大年三十，美国芝加哥的唐人街上到处张灯结彩，华人俞越的牛肉面馆里人影稀疏。眼看 12 点就要到了，俞越决定关门，看看中央电视台的春节联欢晚会。但就在此时，一个挎黑包，衣衫不整的黑人青年闯了进来，手里还提着一把二胡。他探头打量了一下那一锅热气腾腾的牛肉汤，舔了舔嘴唇，落魄的神色中透着渴望。

"先生，来碗牛肉面吧。又香又辣的牛肉面。"俞越迎上前。

"我，我……"黑人青年张大了嘴，想说些什么，但终究没说出来，只是长长地叹了一口气，接着垂下头。

"嗨，大过年的，就请你一顿吧。"俞越看出了黑人青年的窘迫。

黑人青年一脸羞红，他低着脑袋，沉思了半晌，又抬头试探着说："我，我能为您拉一首曲子吗？"说罢，就提起了那把二胡，手指一动，动听的弦乐就穿弦而出。

是《二泉映月》！俞越仔细地听着，这音乐勾起了他深深的思乡之情。说实话，黑人青年的技艺并不怎么样，但他看得出黑人青年的用心。音乐停止时，黑人青年脸上浮现出圣洁的光辉，俞越忍不住鼓起掌来，然后赶紧端上牛肉面，放在他面前。

黑人青年犹豫片刻后端起那碗芳香扑鼻的牛肉面，狼吞虎咽地吃起来。俞越又端来了一碗。黑人青年也不客气，片刻之间又吃完了。

除夕过后，牛肉面馆的生意依然冷清。最气人的是，近段时间有一个白人警察经常来店里吃喝，吃了也不付账。俞越终于忍不住了，向他要钱。

谁知白人警察扭过头来，冲他便是一拳，俞越被打倒在地。白人警察还不甘心，把他带到了警察局。

白人警察以俞越妨碍公务为由，提起了诉讼，更令人不可思议的是当地法院在未经任何调查的情况下宣布俞越罪名成立，判他入狱三年。

俞越的遭遇在华人圈引起了轩然大波，《华盛顿邮报》也重点报道了这一事件。记者采访了许多人来说明俞越的清白，文章最后说，俞越所做的牛肉面色、香、味俱全，吃一口能温暖整个冬天。

报道一出来，立刻在美国民众中引起了轰动。甚至连芝加哥的市长和中国大使馆的领导也前来探访，并表示愿意提供各种法律服务。在确凿的证据和强大的舆论压力面前，芝加哥法院最终做出了公正的判决：俞越被无罪释放，并获得一万美元的精神补偿。

俞越出狱后，牛肉面馆一扫以前的冷清，天天门庭若市。他的生意也越做越大，他成了华人圈中有名的"牛肉面大王"。

转眼，一年很快过去了。同样是在除夕之夜，同样是在要打烊的时候，一个黑人青年快步走了进来，点了两碗牛肉面。

这不就是一年前那个拉二胡的落魄青年吗？看样子他现在混得不错，俞越心里暗想。

两碗牛肉面下肚后，黑人青年抬起头来说："今年我到你们中国去了，真的，东方文化就是与众不同，就像你的牛肉面，味美而又暖人心。"

说罢，他又递过来一张名片，俞越接过看了一眼，上面写着：詹姆斯，《华盛顿邮报》中文记者。

"你就是那位对我不幸事件进行报道的人？"俞越当然不会忘记那张报纸，以及那个给他带来帮助的记者——詹姆斯。只是没想到竟然是他。

原来，一年前，詹姆斯大学毕业，辗转来到芝加哥，工作没找到，盘缠用尽。为了生活，他不得不放下尊严，想用为人演奏的方式换取一顿饱饭。他去了数十家饭店，都被赶了出来。

在他最饥饿，最潦倒的时刻，俞越不仅没有歧视他，还请他吃了两碗牛肉面。就因为这两碗牛肉面的激励，他信心百倍地参加了《华盛顿邮报》的面试，并一举成功。

詹姆斯始终没有忘记俞越那两碗牛肉面的恩情，当他从华人朋友处得知俞越遭受冤屈之后，便深入第一线，采访了许多目击证人，写下了那篇报道。

得知事情的经过后，俞越紧紧抱住了詹姆斯，热泪盈眶。

让父亲睡个安稳觉

那一年，他的事业"遭遇滑铁卢"，投资失败，合伙人卷走所有的钱消失得无影无踪。一夜之间，他成了所有债主讨伐的对象。

为了躲债，他先是在好友那里藏了半个月，然后回到了阔别三年的老家。

那阵子，他把手机关了，整日待在家里，不是喝酒就是睡觉，话也不怎么说。父亲看在眼里，也没怎么说话。也难怪，父子俩都是闷葫芦，除了每次回来那惯例的问好，就基本没有交流了。

他没有把生意场上的失败告诉父亲，他不想让70多岁的老人家还为自己担忧，他只是说："太累了，就回来休息几天。"

他是真的累了，他甚至想，就这样，在乡下，种点田，也未尝不是一件好事。

他在家整整窝了一个月，直到有人来看他，他才去了趟县城，离开时，他说："爸，我们回来吃晚饭。"他发现，父亲的眼里透出一丝欣慰。

那天晚上在家里，他和几个好友，一直喝到凌晨，去上厕所的时候，他猛然发现，月光下，父亲正坐在池塘边。

他走过去，问父亲："您这是干吗？怎么还不休息？"

父亲说："我睡不着。"他隐约觉得，父亲肯定是有事瞒着他。耐不住软磨硬泡，父亲只好说出了原因，父亲说："怕你想不开。"

父亲说："你还记到十年前的那晚吗？你第一次生意失败，和几个好友喝醉了，半夜你跑出来要跳池塘，要不是我死命拦住……"

他当然记得，那是他大四那年，第一次做生意，却亏了两万，想不开，便想了结自己。后来，他一直后悔当初的冲动和幼稚，还经常拿这件事来劝说自己要想开点。

那一刻，他突然哭了，他没想到，平常不怎么说话的父亲，原来时时刻刻都在关注着他。仅一个眼神，就诠释着深深的父爱，父亲怕他出事，竟然在冬天，在池塘边，坐了整整 30 个夜晚。

那一晚，他第一次和父亲聊了很多，后来，他困了，就倒在父亲的怀里睡着了。

不久后，他回到了公司，用父亲借给他的养老钱，还了一些债务。而现在，他正拼命地奋斗着，他要从头开始，混出个模样，才敢回家。

他说，逃避不是办法。人生这么短，总得去面对。他还说，其实，他现在不是一个人奋斗，家中的老父亲，那关切的眼神，时时刻刻在他心中闪着爱的光芒。他唯有成功，才能在回去的时候，让父亲踏踏实实睡个安稳觉。

不经意的一次伸手

　　小时候，最喜欢看燕子在电线杆上飞来飞去。有次回家，捡到一只受伤的燕子，我给它包扎好伤口，精心喂养，等它能飞了，我又在房梁上搭了个简陋的窝。我以为它会飞走，谁知它竟住下了。第二年，它带了个伴回来。燕子越来越多，房梁上的窝也越建越多，到第四年，家里的窝整整有十个了。这成了村里一道独特的风景，燕子来的时候，大人小孩都来看。老人们都说，燕子和人一样，懂得感恩，只要这家不伤害它，它就把这里当成自己的家，一辈子都不离不弃。

　　读大学时，一次和朋友逛街，突然有个人拍我的肩膀。我转身看去，是个挺帅气的小伙子。他说他下火车时行李被人抢了，他实在太饿了，求了很多人，没人愿意帮他，我是他最后一个希望了。朋友暗暗扯扯我的衣服，我只是笑笑，大大方方请他大吃了一顿，并送他上了回家的火车。这对我来说只是举手之劳，没想到他一直记在心上。大学毕业后我回乡下教书，一年后又想外出打工，一天我突然接到了他的电话。他在一家外企担任要职，他说他一直在找我，好不容易才在大学群里找到了认识我的人，他说他一直都记得那一顿饭的恩情。那次我们聊了整整一个晚上，我很感动。后来，在这位朋友的引荐下，我顺利进入了该公司。

感恩也许是包括人类在内所有动物的本能。它像一阵春雨，温暖着人们的心灵；又像一阵春风，时刻提醒着：你不经意的一次伸手，往往能改变一个人一生的命运。

请不要伤了荷花的心

在美国佛罗里达州，生活着一对邻居卓克和卡罗。两个人都很好强，本来很不错的关系也因为一些鸡毛蒜皮的事情而变得很糟糕，最后他们竟形同水火。

长大后，卓克在家门口开了一家海鲜店。卡罗似乎故意要跟卓克作对，也跟着开了家海鲜店，就在卓克店铺的前面。为了抢生意，卡罗经常在前面把客人拦住，这让卓克忍无可忍，他下定决心，找卡罗决斗，以了结多年的恩怨。

双方把决斗地点定在了家乡的一片荷塘旁。那天深夜，双方各聚集了数十人，眼看一场混战就要开始。突然，一个小女孩走了出来，不满地嚷道："你们在这里做什么？别影响了荷花的绽放啊。"

大家顿时愣住了，沉默了半晌，卓克终于不耐烦地说："小屁孩，刀剑无眼，你还是赶紧走吧。我可不想，落下一个欺负小孩子的坏名声。"

小女孩忽然笑了，她从背包里取了个折叠凳，大大咧咧地坐在中央，望着荷塘，然后不急不缓地说："大叔，你们要打便打吧，请不要伤了荷花的心。"小女孩又指着荷花的方向接着说："我已经在这里等了一天一夜了，就等荷花的绽放，你们看，现在已经快开了，再等几分钟，美丽的花朵将会出现，你们难道想让它们刚开放便看到这个社会的丑陋吗？"

闹哄哄的人群立刻静了下来，大家不约而同地，都望着荷花的方向。正如小女孩所说的那样，几朵含苞的荷花正缓慢地张开它们的花瓣，纯洁，动人心弦。卓克和卡罗对视了一眼，都往后退了几步，大家都放下手中的武器，静静地等待着荷花的绽放。

不知为什么，卓克突然想起了自己多病的母亲；卡罗则想起了7岁那年，他去后山玩耍，不小心掉进了山洞里，要不是卓克带人来救他，他也许早冻死了。卡罗不禁惊出了一身冷汗，他和卓克本就没什么深仇大恨，犯得着以命相搏吗？

荷花绽放的一刹那，卡罗主动向卓克伸出了双手，两人相拥一笑泯恩仇。

一句话就化解了双方多年的恩怨，这不能不说是一种奇迹。有时候，奇迹就是这么简单，一个简单的动作，哪怕是一句简单的话，都可以改变人生的轨迹。后来，卡罗做了一名律师，而卓克依旧经营着他的店面，越做越大，最终成了美国有名的海鲜大王。两人也成了无话不谈的知己，这一切都源于那个夜晚，一个小女孩所说的一句："请不要伤了荷花的心。"

退休以后，卓克和卡罗决心去寻找当年让他们改变的小女孩。

经过多方打听，他们找到了她，在她的办公室，卓克和卡罗激动地说："当初，你保护的不仅仅是一朵荷花，还有我们后知后觉的心。"

值得一提的是，当年的小女孩现在已经成了美国的风云人物，她就是"美国反战母亲"——辛迪·希恩。

16 岁，亮在云里的一盏灯

杰克是加拿大渥太华的一个白人青年，自从父母离世后，他对这个世界充满了仇恨，脾气也变得越来越暴躁。14 岁，因打架滋事，他被学校开除了。一怒之下，他一把火将校长的房子给烧了，看着校长一家人在熊熊大火面前抱在一起痛哭，杰克感到非常惬意。

16 岁之前，杰克一直在搞恶作剧和打架中度过。16 岁生日那天，一个黑帮组织向杰克提出了邀请，他想都没想就答应了。他叼着雪茄，穿着西装，快乐地走在路上。

一个挺着大肚子的孕妇正艰难地朝前走着，她的手提着一个包。杰克的眼睛顿时亮了，他猜想包里一定装着很多钱，要是能把这笔钱抢到手，那不就可以证明自己厉害吗？想到这儿，杰克兴奋起来，他似乎看到了自己将来混得风生水起的样子。于是杰克毫不犹豫地快步走过去，抢了包，又狠狠地推了女人一把，之后迅速地溜了。

突然，一个小女孩从远处跑来，焦急地问：“大哥哥，你见过一个孕妇吗？”杰克的心里有些不忍，他说：“小妹妹，有什么需要我帮你的吗？"小女孩说："大哥哥，你能帮我一起去找这个孕妇吗？她是我的继母，刚从外地来，对这里不熟悉。我的父亲病倒了，正躺在医院里，她是来送救命钱的。"杰克一愣，下意识地摸摸揣在怀里的包，心里直发颤。

小女孩拉着他的手说："哥哥，你是个大好人，就帮帮我吧。"杰克两手来回搓着，他忽然觉得心里有什么东西一下子破碎了。他咬咬牙，跟着小女孩往回走。孕妇已经晕倒在路边，杰克背起孕妇，快步朝医院走，到了医院，他悄悄地把包放在女人的身边。

那个晚上，杰克失眠了。他把手摊在空中，手心里仿佛还残留着小女孩的温暖，那晚是他想得最多的一个夜晚。16 年里苦心包裹的黑暗被小女孩一瞬间的温暖照亮了。

第二天，杰克没有去黑帮那里，他想像小女孩所说的那样，做个好人。是的，所有的一切都已经过去，小女孩的话像盏明灯指引着他，让他得到了重生。从此，他再也没做过任何坏事。在大家的见证下，他正义、善良的行为也得到了街坊邻居的认可。

杰克的名声也越来越大，在渥太华，提起他的名字，没有谁不竖起大拇指。他成了人们心中最值得尊敬和信赖的人，他也因为多次帮警察破案，被评为了最有正义感市民。

后来，杰克参军了。不久后，他成了一名特种军人，在一次解救人质的过程中，他击毙了 10 名悍匪，自己也光荣牺牲。出殡的那天，渥太华的人们排了长长的队给他送行。

在他的墓碑上，赫然写着一行字——让善良和正义充满人间，旁边是盏巨大的灯。

善良是这个世界的魂

她是个不幸的孩子。父亲在她两岁时病逝；她六岁时，母亲跟着另一个男人跑了，只剩下她和一个飘摇不定的人生。

从此，她变得沉默寡言。上完课，她总会跑到学校后的一个槐树旁，坐着，望着，像一座雕塑。

夏天，看着其他女孩子都穿上了漂亮的裙子，她也想要一件，哪怕是一件T恤。但是她没有，她只能每天穿着那件破旧的补了又补的的确良衬衫。

一个旧木箱，三四件衣服，便是她全部的家当。

一天，她站在一家服装店门前，目光充满着渴望，却被女老板用扫把赶："小叫花子，这里不是你来的地方，滚远点！"她突然跑上去，狠狠地咬了女老板一口，然后在尖叫声中，跑得无影无踪。她是个好强的孩子，她不能容忍自己的尊严被践踏。

上语文课，作文题目是母亲，她早早就交了卷，上面只有一个字：恨！刚下课，她便冲出了教室，只剩下后面一片议论声："听说她妈妈在外偷人，跟人跑了……"

她退学了，尽管班主任一再挽留，她的决心已定。望着那些鄙视她的人，她在心里暗暗发誓："总有一天，我要让你们高看我。"

她去了广东，先是在一家鞋厂打工，等赚了足够的本钱，她开了家小店，起早贪黑地忙碌着，只为了有朝一日，能翻身做人。

十年后，她有了足够的钱，有了炫耀的资本，她回到了家乡，开了两家公司。这个时候，来找她帮忙的人络绎不绝，当然其中也不乏那些曾经鄙视她的同学。

她心安理得地接受着他们的恭维，她甚至想要用最恶毒的办法来报复那些乞求她的同学。

那个周末，她去了一趟学校，曾经的繁荣不再。几十个学生稀稀落落地站在院子里，嬉笑着，欢乐着。突然有个孩子被撞倒在了地上，一个女生赶紧将她扶起。

她突然怔住了，因为那个女生多像小时候贫穷的自己，找学校里的人打听，她果然和自己一样，爹去世，娘改嫁，无依无靠。

放学的时候，她一路尾随，当看见女生走进了一个老人的家，为一个失明的五保老人做饭时，她的眼泪忍不住夺眶而出。她突然觉得心底的恨，如轻烟一般散去，了无踪迹。

突然间，她做了一个决定，她把几个能力确实不错的同学分到了重要岗位。有人不解："那些人，曾经骂过你，侮辱过你，让你的童年充满了痛苦，现在你发达了，他们都来求你。你不但没侮辱他们，反而还对他们委以重任？"

　　"是这个女孩教会了我怎么去生活，让我知道善良才是这个世界的魂。以前我一直放不下恨，想的只是如何去报复那些曾经伤害我的人，所以虽然我在事业上成功了，但我一点都不快乐。"她顿了顿，继续说，"而如今，放下包袱，我顿时觉得无比轻松，这样的生活，不就是我们一直所追求的吗？

用生命换来的重生

　　朋友生日，我们前去祝贺，来的都是一些老朋友。朋友在厨房忙碌着，而他的儿子，过来给我们端茶倒水。我们都不由得惊讶，这个顽劣多年、不知惹下多少大祸的少年居然能改邪归正？

　　吃饭的时候，男孩不停地给我们夹菜，那份真诚绝对不像装出来的。大家都好奇地望着朋友，希望能从他的嘴里知道顽童改变的秘密。

　　朋友的表情严肃起来，他指着墙上的一幅遗像说："这都是他的功劳。"

　　遗像上是个慈祥的老人。我们都没有说话，我们知道在这幅遗像的背后，肯定有个可歌可泣的故事。沉默了一会儿，少年上去给老人上了一炷香，然后开口了。

　　那是两个月前的事情了。少年正在读初三，由于多次与老师对抗，班主任强令他回家请父母过来。他却没回家，揣着从家里偷来的两百元钱，上了到成都的火车。

　　在那里，他有一个打工的朋友。他甚至希望在那里找份工作，重新开始自己的人生。钱赚够了，再体面地回去，好叫那些曾经看扁他的人，颜面尽失。

　　下了火车，接着坐汽车。当时正是上班车流高峰期，车里人满为患，这时，上来了一位古稀之年的老人。少年望了一眼老人，突然站起来。

　　尽管他年少顽劣，但他的本质并不坏，那一刹那，少年心里想的只是，这个背着一大袋米的老人是多么可怜。

　　他让老人坐了自己的位置，然后聊起来。老人是来看女儿的，女儿说她喜欢吃家里的米，于是家里打了新米，老人就送过来了。

　　那是一个炎热的夏日，车刚过桥头，车厢里便传来两声巨大的爆炸声，接着火焰蔓延开来。少年被这一幕吓坏了，老人大喊："赶快砸玻璃！"说着，便开始用手砸，奈何老人力气太小，玻璃丝毫没有反应。少年这才醒悟过来，赶紧取下窗边的安全锤，一锤，两锤……

　　火越来越大，还伴随着浓烟，少年感觉浑身都浸在热浪中，但他没有犹豫，继续敲打着，很快便打开了一个大口子。他大声喊："爷爷，你先走。"老人却喊："没时间了，我都一把老骨头了，你还小，你先走，不要管我。"说着，便推着他往缺口钻。

　　他从缺口处跳了下来，他转身想去救老人，但一股大火从缺口处喷出来，只听老人声嘶力竭地喊道："去找我女儿，告诉她，我永远爱她……"

他的眼泪流下来，他轻轻地说："老人坐在窗口，他完全有机会活下来，是他用自己的生命换来了我的重生，我能不好好做人吗？……他已经泣不成声。

我们的眼泪也都落了下来，我甚至在脑海里一次次重复那惊心动魄的一刻。这就是人世间的爱啊，父母深情的爱，夫妻动人的爱，亲人关切的爱，朋友仗义的爱，陌生人无私的爱，这些温暖的爱，无时无刻不包围着我们，我们怎能不好好地活着，活出个精彩，活出个希望来！

柠檬水女孩与"美国城管"的较量

　　小朱丽是美国俄勒冈州摩特诺玛郡一所小学二年级的学生，今年七岁，平常很喜欢看动画片。一天早上，当得知集市马上就要开始了，小朱丽突发奇想，要去开个卖柠檬水的小摊，赚来的钱好买礼物送给朋友们。

　　小朱丽说做就做，她很快就准备好了瓶装水、浓缩柠檬汁和冰块，在妈妈的帮助下，她顺利摆起了小摊。她甜甜的微笑使她的生意异常火爆，不到半个小时，她就赚到了20美元。

　　然而正当她准备打电话给母亲，让她再带些冰块过来时，一名身着制服的管理人员走上前来，小朱丽友好地说："先生，请问有什么可以帮到您吗？"

　　"你没有卫生许可！根据俄勒冈州法律，临时摆摊需要花120美元办临时卫生执照，如果没有就必须缴纳500美元罚款。"管理人员严肃地说。

　　这让赶来的朱丽妈妈十分意外："我从没听说孩子的柠檬水摊也要办许可证。"但显然，"城管"并没有理会她的疑问。

　　小朱丽正准备进一步理论，却被母亲阻止了。这时，周围的摊贩聚拢过来，他们认为管理员无权把小女孩赶走。他们建议母女俩向路人赠送柠檬水，同时接受他们的捐款。但还是遭到"城管"的阻止，朱丽的妈妈不愿事态升级，干脆收摊走人。当母女俩匆匆离开时，满腹委屈的小朱丽伤心地流下眼泪。

小朱丽收拾好地摊，来到了摩特诺玛郡最繁忙的街上，她准备买些小礼物回去。一个民间网站的成员富兰克林听说了这件事后，找到她，并愿意支持她的抗议，小朱丽生气地说："我真不知道我们的州长大人是怎么想的，老师们都会鼓励我们去创业体验，但州长他呢，难道他不懂美国的国家精神？"这一段采访被传到了网上，得到了广大网友的支持和认可，他们纷纷讨伐管理员用"官僚主义"扼杀了小女孩的创业热情，不少网友还回忆起儿时卖柠檬水的经历。

富兰克林还与其他网友在 Facebook 上创建了一个"柠檬水起义群"。他们呼吁网友在该郡 8 月底的集市上举行"起义"，消息传到摩特诺玛郡的最高地方官杰夫·科根耳里，他这才意识到事情的严重性，他立马责令当初为难小朱丽的管理员上门道歉。

但这个道歉并没有得到小朱丽的接受，她坚持认为这是政府在粗暴执法！8 月 5 日，摩特诺玛郡的最高地方官杰夫·科根亲自给朱丽的母亲打电话，向她道歉，事情才得到圆满解决。

特别值得一提的是，在摩特诺玛郡的例行新闻发布会上，科根再一次向广大网民道歉，他说："这件事使我明白了，如果不以公民的利益为出发点，任何小事都有可能成为一桩公共事件。"据悉，科根后来还要求地方卫生管理机构在执行卫生法规时"加倍谨慎"，因为这部法律是为了促进商业，而不是扼杀商业。

第七章

拒绝简单复制，

成功没有固定公式

把握人生的每一次意外

人在漫长的一生中，总要遇到很多次意外，面对这些意外我们往往采取排斥的态度。殊不知，一个人的成功并不是必然，发展过程中存在着太多的变数，而每次意外，都有可能让我们走向成功或者失败。那么怎样才能正视一个人一生的每次意外并采取及时合理的措施呢？下面是一些专家的建议：

正视你的意外

吉姆·福瑞克，从小十分自卑，因为成绩太差，他甚至想到了退学。拿中学毕业证的那天，他没去学校，而是选择了游荡。他因为无聊，就参加了一个高尔夫游戏。连续十杆，他都打进了洞。

他欣喜若狂地把这一消息告诉祖母，祖母也认为他是一个可造之材，便把他带到佛罗里达州一所职业中学里，让他专门学习打高尔夫球。因为有祖母的期望和鼓励，他克服了自卑，他表现得异常努力，不久后在一次职业比赛中一举成名。后来他常对媒体说的一句话就是："没有一种成功是事先为你设定好的，人生中有很多意外的惊喜，只要正视，并敢于放弃你现有的，坚持你所选择的，那么，成功便会在你拐个弯后拥抱你。"

别害怕兴趣转移

美国人维纳，读大学时，兴趣一直都不稳定，每一年都在学不同的东西，化学、物理、工程学都有涉猎，但又都半途而止。父亲实在看不下去了，就强迫他去学他从小就讨厌的数学。开始时，维纳想用翻墙、装病等方式逃脱，但都被父亲一一识破，迫不得已，他才老老实实地坐下来。一坐就是一周，他惊奇地发现，在数学方面，自己竟有着极高的天赋。这一坐，就一发不可收拾，在39岁那年，他因在数学方面的卓越成就——开辟了控制论，以全票当选为美国科学院院士。同样的例子，在中国也有。鲁迅，本来是去日本学习医学的，但是最后却成了一代文学巨匠。

主动利用

IBM有今天的辉煌在很大程度上是主动利用意外的结果。20世纪40年代，IBM生产了最早的计算机，计算机在当时主要是用于科学研究。

不久后，IBM和它的对手尤尼瓦克（Univac）公司都接到很多企业的订单。但让人大跌眼镜的是，许多企业购买计算机，只是为了用于简单事务上，如进行薪资计算。尤尼瓦克公司很快做出答复，拒绝供应，理由是这是在侮辱伟大的科技奇迹。但IBM没有这样做。通过冷静分析，IBM做出了果断的决定，那就是牺牲自己的设计而去采用对手尤尼瓦克公司的设计，因为它的设计更适合记账。四年后，IBM 就获得了计算机市场的领先位置。

东京大学心理学专业小本三郎教授指出："在实际生活中，人们所设想的往往同所发生的情况是不一致的，只有不失时机、主动地捕捉和驾驭这些意外，才能成功减少阻力。"

妥善配置

美国有所大学曾经为了退伍军人，开设过成人教育课程，没想到意外取得了成功，校方决定扩大成果。为了节省开支，校方低薪聘用了一些正在读书的助教来讲这些课程，结果几年内就毁了成人教育课程，而且也影响了学校的名誉。

牛津大学教授普鲁万建议："对于意外，企业或管理者要给予相匹配的关注和支持，这样才能真正将意外演变为生产力。"

意外是一个机遇，但这样的机遇并不是唾手可得的。首先你应该有发现意外、重视意外的能力，其次你应该利用意外所带来的机遇，采取适当措施，坚持不懈，不放弃，这样才能受益非凡。

与其坐牢，不如跳舞

英国约克郡的行政长官和他的议员们最近正忙得焦头烂额。随着犯罪率的节节攀升，约克郡少年监狱里已经人满为患。更让人头疼的是，少年们甚至把坐牢当成了一种时尚，争相坐牢。

在西约克郡的中心地带，有一所布拉德福德大学，两年来，只有寥寥数人到它的舞蹈学院学习。职员们都灰心丧气，他们不愿意把自己的青春浪费在一份没有前途的工作上。

舞蹈学院院长安德鲁·柯金斯十分郁闷，他每日都到街头游说，但收效甚微。一次，他走进了约克郡的政府办公室，当听完官员的抱怨后，他灵机一动，提出了一项别出心裁的少年改造计划——让少年犯来他的学院接受残酷的训练，以代替蹲监狱。柯金斯的理由是，与其让少年们放任自己，还不如参加舞蹈训练，既能让他们耗费大量的体力，又能让他们增加一项才艺。

双方一拍即合。接下来，在一系列的判决中，当得知被罚去跳舞时，很多少年大跌眼镜。但是少年们都不在意，甚至想去挑战一下这个不知天高地厚的院长。

不久后，第一批共 20 名学员来到舞蹈学院。柯金斯向所有人宣布：你们需要接受我们的培训，为期三个月，如果能适应下来，就可以重新回到父母的身边；如果不能适应，便会被送回法院，接受新的判决。

少年们自然不会被院长的话吓倒。但三个月的封闭训练确实让少年们感受到了异常的艰苦。有几个人甚至想到了放弃，在老师的劝说下，才最终坚持了下来。三个月后，这批少年重新回到了父母身边，跟踪调查显示，有超过90%的学员继续接受教育、培训或者就业。

大家不相信有这样的奇迹发生。但随着越来越多的少年犯参加完学院的训练，重新回到父母身边，约克郡的治安已经明显好转。

在接受采访时，柯金斯说："我们的目的不是培养舞蹈家，我们是要让那些失足的人明白，我们可以教给他们生存的技能和比犯罪更好的生活方式，事实上，我们成功了。我们做到了。"

给少年犯培训，只不过是一个契机，柯金斯充分利用这个温情的主张，使自己的舞蹈学院成功接收了大批学生，并且赢得了大家的信任。连少年犯都可以成功改造的地方，你还有什么不能信任的呢？

现在，布拉德福德大学舞蹈学院的招生扩展到了约克郡外的其他地区，一家舞蹈表演公司也主动过来签约合作，负责为学院最优秀的毕业生提供工作机会。

2>1 的智慧

"运动 100"大型运动休闲品牌创立者张国伦，年轻时曾远赴英国攻读 MBA。毕业后，他来到北京，帮助一家香港上市公司拓展其在内地的业务。后来，受亚洲金融风暴的影响，公司倒闭，张国伦也失去了饭碗。但他并没有气馁，不久后他成立了上海颐盛商贸有限公司，准备做品牌服饰代理。

凭借多年来积累的人脉，他很快接到了很多品牌服饰的邀请，做专一代理，员工们都很高兴，大家都说："这下可好了，有这么多厂商找我们，我们就可以为一家利润最高的企业做代理。"张国伦却说："给别人做专一代理，并不是件好事。"很多人对此不解，甚至还有人抱怨说："公司才起步，能做一家企业的代理已经很不错了，怎么能好高骛远呢。"

但张国伦显然有自己的打算。而且他成立颐盛商贸的初衷也决不是只做代理。在员工大会上，张国伦举了一个很简单的例子："如果你去买锅，你是希望一个专卖店一个专卖店地找，还是希望在同一个地方能见到很多品牌呢？"答案是不言而喻的，为了证实自己的判断，张国伦带领他的团队，做了一次调查，发现顾客更希望享受到一站式的服务。"让顾客不再奔波于各个专卖店，而是一次性有多品牌的选择，就像个体育大超市"，张国伦设定的目标最终得到了所有员工的认同。

就这样，张国伦带着自己的创业理念，开始了与NIKE中国区总经理的谈判。因为理念独特，很快就和对方达成了合作意向。在经过充分准备后，1997年，张国伦的第一家"运动100"在上海正式开张。

正如张国伦所预料的那样，"运动100"一经推出，就受到了顾客的青睐。短短两个月里，营业额就超过了500万。从2001年开始，"运动100"开始向其他省市扩张，到目前为止，"运动100"已完成了全国六大区域16个城市的布点，商品逾万种。多年来，张国伦一直都坚持着自己的创业理念，在他看来，简单的商业模式更容易复制，也更容易坚持。也正是这种理念，让张国伦少了后顾之忧，全心全意去开拓市场和提高自身建设。

"2永远大于1，多品牌打包营销的理念，不仅商家乐意接受，顾客也有了更多选择，是一种双赢合作。现在很多运动品牌都进入了中国，但能独立设专卖店的品牌仍为少数，多数品牌尚无法承担日常管理、人员投入、租金等方面的开支。只要我们坚持自己的模式，市场潜力依然巨大。"多年以后，在接受媒体记者采访时，张国伦再次用朴素的言语阐明了他的成功理念。

信赖比财富更重要

　　李明博小时候成绩并不好，因为活泼贪玩，他的身边聚集了不少好友。他八岁生日那天，获得父亲同意后，和表哥一起到附近的油桃园采摘。这曾是他和父亲常来的地方。因为生意太忙，老板让他们自己去油桃园里摘，摘了再来称。老板告诉他们，按照规定，进里面自己摘，可以免费品尝一个，但是每多品尝一个要支付一块钱。

　　这很合表哥的意，因为家里不是很富裕，很少吃到又大又鲜的油桃。表哥抓着李明博，快步跑到油桃园的最里面。趁四周没人，表哥马上就从树上摘油桃，摘一个，吃一个，吃完一个又摘一个……吃完舔舔嘴唇，意犹未尽的样子。表哥还说："我们拿它们去卖，可以换一笔钱。"李明博没说话，默默地吃了起来。

　　吃撑了，表哥把书包放下来，把油桃往书包里塞。一共放了14个油桃，他心满意足地跟着李明博出去结账。

　　老板客气地问他们："你们吃了几个油桃？"没等李明博反应过来，表哥抢着回答："我们一人吃了两个。"说完，从口袋里摸出两块钱，准备走人。

"等等"，李明博突然喊起来，他平静地对老板说，"我们一共吃了十个油桃。在书包里还放了 14 个。所以我们应该还要给 22 块钱。"

老板有点惊讶地看着他，然后伸出大拇指说："孩子，你是我开油桃园以来见过的第一个说自己多吃了油桃的人。谢谢！其实你说自己只吃了一个，我们也不会说什么，毕竟你们是孩子。"

李明博平静地说："是的，您不会说什么，但我做不到。我的父母从小就教导我，要想做好人，处好事，首先就应该学会获取别人的信赖。与钱相比，信赖更重要。"

老板的眼睛亮了，紧紧抓着李明博的手说："你将来一定有出息。"

2008 年，李明博成为韩国的领导人。应该说，李明博成功的因素有很多，比如有魄力、善于用人等等，但其中有一点不可忽略，那就是有诚信。他以自己的诚实理念，成功地博得了朋友和对手的信赖。因此，他的事业才能蒸蒸日上，如日中天。

成功不可复制

两年前，大学毕业后，为了能闯出一片天地，我毅然投身创业热潮中。我先后开过餐馆、花店、精品店，但无一不是以亏损告终。心情郁闷之下，我决定出去走走。正好，在美国的表哥向我发出了邀请。父母同意后，我踏上了去芝加哥的旅程。

到芝加哥后，表哥放下手头的工作，带我去游览了千禧公园、博物馆和林肯动物园。在表哥的劝慰下，我的情绪慢慢有了好转。有一天，表哥告诉我："在芝加哥，有很多中国的古籍，你是学历史的，可以到书店一条街转转。"我到了表哥所说的书店一条街，果不其然，只要细心查找，每个店里都能找到好多古籍。一家店的老板告诉我，来这里看书的，不光是华人，还有很多美国大学的教授。看来，之前很多人都说中国文化在美国很热，是真的了。

不一会儿，这家书店走进来一个老人，虽上了年纪，但双眼有神，一看就不是普通人。店老板也赶紧打招呼："劳勃·盖尔文先生，你又来看书了啊。"劳勃·盖尔文可是摩托罗拉的董事长啊，他怎么会来这种小地方看书？我不禁诧异。见我一直望着他，盖尔文友好地朝我笑笑，说："小伙子，你认识我？"我激动地走上前去说："当然认识，我的很多朋友都把您视为他们奋斗的榜样呢。"盖尔文谦虚地笑了笑，然后说："小伙子，你一定是有什么不开心的事吧，创业失败了？"我说："你怎么知道？"盖尔文笑着说："你的心事都写在脸上了。"

我把这几年的经历详细说了一遍，盖尔文沉思了一下说："小伙子，自己创业是一件好事，但你必须知道，所有的成功都是不可复制的，所以，你必须走一条与众不同的路。"尽管盖尔文的声音很低，但是吸引了不少人，大家把他围在中间，一起说："盖尔文先生，干脆你给我们上一堂课吧，我们也好借鉴一下。"

盖尔文突然严肃起来，他先认真梳理了一下他的奋斗史，然后说："我认为人人都可以成功，但前提是要有足够的胆量、脚踏实地的奋斗精神和用诚信积累下来的人脉。将这三者完美结合，你才可以闯出一片属于自己的天地。"盖尔文精彩的演讲博得了大家热烈的掌声。

回到国内，经过详细的市场调查，我决定开一家床吧。这家床吧采用古典风格的布置，在昏黄的烛光下，三五好友可以在足够大的古典床上进行卧谈。因为创意新颖，再加上信誉好，我的生意越做越大，到现在为止，我的账户里有 30 万元存款了。

一转眼两年过去了，盖尔文先生的话我一直铭记于心，走一条与众不同的路，只因，所有的成功都不可复制。

给别人一抹阳光，就是给自己创造财富

　　纽约有个年轻的姑娘叫纳西，一直想开创自己的事业。她从学校出来后，就利用自己赚下的钱开了家皮鞋店，把店铺装修得干净整齐，又做了很多宣传工作。原以为会财运滚滚，但结果却是门庭冷落。

　　她百思不得其解，按理说，鞋子选的都是最时髦的款式，店面也精心装饰了，在广告宣传上也下了血本，但为什么就没有预想中的好呢？

　　一天下午，纳西关了店铺，来到公园散步，突然很想大吃一顿。她从公园出来，看到一家餐厅前人头攒动，她好奇地走过去。进了店后，才发现这个店面很有特色。一走进这家店，纳西就看到一排雕像，伙计说，这叫扫烦礼。来这里吃饭的人，可以把公司领导的照片放在雕像头上，既可以朝雕像吐口水，也可以拿扫把打，直到心情舒畅之后才开心地去吃饭。

　　这一排雕像竟然吸引了附近数十平方公里的白领。纳西一下子就明白了，这家餐厅的老板聪明至极，他卖的不仅仅是饭菜，更是开心。试想现在生活压力这么大，来这家店既能让自己填饱肚子，

又能排解压力，何乐而不为呢？

大受启发的纳西回到家后，开始筹备她的"阳光计划"。

此后，路过纳西店的人，就能看到一块巨大的招牌，上书四个字：阳光鞋店。走进店铺，是两块巨大的镜子。通过折射，房间里全是温暖的阳光，再加上地面和墙壁的暖色，人一进来就有一种温暖如春的感觉。

谁都没有想到，这次改造，给纳西带来了巨大的财富。用一个顾客的话来说："不知道为什么，一进到这里，我就有种莫名的亲切感，有种回家的感觉。"纳西把二楼的小房间改成了休息阁，顾客来这里不仅可以买鞋，还可以喝咖啡，看报纸，聊天。

一年之后，纳西手上已经有百万资产。她并没有打住，而是先后在其他地方开了多家连锁鞋店，每年都能赢利千万元。

现代都市人买东西，不仅看产品，更重要的是希望能买份快乐。纳西便是从那一排雕像获得的灵感，在自己的小店里融入了快乐的元素，从而使自己财源滚滚。正像她的品牌广告语说的那样：穿上鞋，走出去，一切重新开始。

所以，给别人一抹阳光，其实也是给自己创造财富，何乐而不为呢？

摘掉多余的花

　　一个自认为很优秀的年轻人跑去人才市场应聘，结果到处碰壁。郁闷之下，年轻人赌气回到家，父亲说："要不，你跟我一起刷漆去？"年轻人不愿意，读了那么多书还去刷漆，那寒窗16年，不是白费了？年轻人郁闷地想：为什么我那么优秀，懂得那么多，却没人想要我呢？

　　无聊的时候，年轻人干脆帮母亲种起了菜。在菜园的一角，种着很多黄瓜，每天，年轻人都坚持去浇水、施肥、除虫。一些串门的邻居鄙夷地说："你们家大学生就只会种黄瓜啊？"他的脸红得像柿子一样，但他在心里喊："种黄瓜又如何？我种的黄瓜卖的价钱也比你们高。"

　　在他的悉心照顾下，黄瓜越长越好，不多久，就爬满了瓜架，形成了一个碧绿的棚，可观赏，还可纳凉。后来黄瓜架上开满了密密麻麻的花。他心中可高兴了，可是，等瓜长大后，他却呆住了。那些黄瓜长得畸形瘦弱，没几个好看的。年轻人想不通，就去问父亲，父亲说："下一次花开后，你去摘掉一些花。"年轻人心中很不解："每一朵花都是一颗果实，这样摘掉多浪费啊！"但他还是依从父亲的话，摘掉了一些排列太过紧密的花。

　　摘花之后，年轻人又赶紧施了一些肥料。出人意料的是，这些瓜长势喜人，一个个又大又长，拿到市场上很快就卖光了。

　　年轻人问父亲："为什么摘掉一些花后，黄瓜就长得又大又好看呢？"父亲笑了："不摘多余的花，养分就分散了，不利于黄瓜的生长，因为养分是有限的。"

　　年轻人恍然大悟，他想，找工作其实就像种黄瓜一样，找准点，才能有的放矢啊。从此，他不再迷茫，凭着自己在大学里所积累的营销知识很快在一家贸易公司站稳了脚跟。

　　是的，人生如瓜，时间便是养分。在短暂的时间里，人不可能谋求全面发展。那就应该像给瓜摘花一样，找准自己的支点，在最擅长的领域，通过不懈努力去实现自己的目标。

摔跤摔出来的商机

2011 年 1 月 2 日，德国西赛酒厂总裁萧伯特从英国啤酒与酒馆协会的办公室走出来，一脸忧郁。他此行本来是想进一步拓展英国市场，但万万没想到对方以"没品位"这一理由拒绝了他。

萧伯特笑了笑，在蓝仙姑的发展历史中，这样的拒绝他不知经历了多少，但每一次都没有阻碍蓝仙姑的步伐。萧伯特找了个旅馆住下来。第二天上午，他提着一大箱蓝仙姑又走进了英国啤酒与酒馆协会的办公室，此时里面聚集了很多人，原来他们是在商议后天啤酒节的策划案。

萧伯特的出现，引起了大家的不满，立即有保安过来，推他出去。因为用力过大，萧伯特不慎从台阶上摔了下去，重重地落在了地上。

萧伯特被紧急送往了医院，所幸只是外伤，没有生命危险。当日下午，护士告诉他，英国啤酒与酒馆协会的会长就在门口等候。萧伯特有些恼怒，做营销这么多年，他还是第一次遇到这么尴尬的事。住院是小事，但要被媒体知道了，破坏了公司的名誉，那是什么也补偿不了的啊。

突然间，他似乎想起了什么，一张忧郁的脸顿时笑成了花。他立即拨打了新闻热线，把媒体记者请到病房，再让英国啤酒与酒馆协会的会长进来。一进来，英国啤酒与酒馆协会的会长又是道歉，又是承诺承担全部的医药费，最后，还邀请萧伯特参加几天后的啤酒节。萧伯特摇头苦笑："你看我这个样子，想去都去不成，不过，虽然我人去不了，但希望你们能把我的酒带进去，如果顾客喜欢，兴许我们能合作一次。"两双手紧紧握在一起，聪明的记者立刻拍下了这个珍贵的镜头。

萧伯特把这张照片传给了德国西赛酒厂总部，并在下面附带了一句话："看这些人真是执着，都推我进医院了，还念念不忘蓝仙姑。"他要求就用这张照片，给蓝仙姑做宣传。

西赛酒厂副总裁罗歇尔看到萧伯特传来的照片，不禁拍案叫绝："这小子，这么绝的主意都能想得出来。"

于是，萧伯特在医院与会长握手的照片和他的话语，被印成了精美的广告册，分发到欧美的数个国家。在很短的时间里，蓝仙姑的销售量涨了三成。

据悉，这幅广告被投放到英国后，广告词虽然改成了"蓝仙姑，挡不住的魅力"，但这丝毫没影响顾客对它的追捧。2011 年，蓝仙姑将在英国市场新装上市，目标直指 35 岁至 55 岁的女性消费者。看到销售量一天比一天好，萧伯特笑了，笑得很开心。他虽然摔了一跤，到现在还痛，但却成功地撬开了英国市场，赚得盆满钵满了，再疼，也幸福着。

把别人的路走到极致

2005 年，日本开始流行接吻细菌的项链。这种细菌产品迅速风靡了东南亚，并传播到中国香港。

两年后，在一所普通师范学校的就业讲座上，老师提到了这种产品。一个名叫洛雯雯的姑娘听得津津有味，那时她根本没有想过，细菌也会和自己扯上关系。那时她最关心的，是找一份好工作，在大城市里站稳脚跟。

洛雯雯是典型的穷二代，她一直都想摘掉穷帽子。大学毕业后，她迫不及待地来到了"满地黄金"的深圳，希望能在这里开辟一片属于自己的天地。但事与愿违，她过得并不快乐，两个月的面试，让她心灰意冷。虽然，她最终应聘上了一家外企，但繁忙的工作，主管的苛刻，让她几近窒息。很多时候，她真想一走了之。

情人节后的一个周末，雯雯到公园散心，想起这几个月的奔波劳累，想起主管无情的责骂，忍不住悲从中来。正想嚎啕大哭，一个念头忽然闪了出来：现在人们生活富裕了，猎奇心理越来越重，如果把这种细菌产品引进来，再加以改进，不就能为我所用了嘛。"是该为自己的将来好好盘算了。"她对自己说。

她请假来到了香港，进到小商品市场，她立即被琳琅满目的细菌产品迷住了。经过仔细调研，她更坚定了自己的想法："以前别人在制造细菌产品的时候，怎么没有想到将全世界各地的细菌收集起来，再根据不同的功能，将细菌制成不同的模样呢？看来我要让世人吃惊了。"

经过两个月的充分准备，她给公司每个人发放了一份新店开张的邀请函，然后在主管惊讶的目光中，辞职走了。

细菌也敢拿来卖？所有人都被她近乎疯狂的举动吓傻了。同事们怀着强烈的好奇心，在"细菌玩品"专卖店开张的那天，如潮水般拥入了她的小店。

生意就这么一天天好起来。获得了丰厚回报的洛雯雯，继续扩展她的战略。她设计了一批鲜活的细菌，在门外的宣传语上，她这样写道："其实，你也可以很潮的！进来看看吧，新异而有个性的细菌等着你领它回家！让它为你的生活增添乐趣，让它当你孩子免费的家庭教师吧！"

广告打出的第三周，洛雯雯账上已经多了两万元存款。更让人惊讶的是，连深圳当地的一些富商，也纷纷向她订购产品。

为什么会有那么多人愿意购买她的产品，甚至为了等货，宁愿排队呢？深知顾客心理的洛雯雯笑着说，一是价格不贵，绝大部分城里人都能买得起。二是商品不仅极具个性，还能给生活增添无穷乐趣。

靠出售细菌产品，原本生活拮据的洛雯雯翻身成了小富翁。有了资本，她决定再次扩大经营范围，成立了"细菌交换俱乐部"，会员在一年里就涨到了一万多名，她开了七家连锁经营店。她有了自己的跑车，并成立了细菌公司。

如今，名利双收的洛雯雯正在开发以"细菌玩品"为主角的动画节目，更深层地挖掘"细菌玩品"的潜在价值。尽管有人对"细菌玩品"不屑一顾，但她的成功告诉我们：把别人的路走到极致，同样可以成就一番大事业。只要你有足够的想象力和勇气，财富便会无处不在。

每天处在危机之中

这是一次史无前例的航行，堀江谦一计划从美国夏威夷州首府檀香山出发，借助波浪的力量横渡太平洋，最后到达日本德岛，整个航程 7000 公里。这一年，他 69 岁，在人们眼里，这是一个人应该安享晚年的年纪。

但堀江谦一没有闲着，他一生都致力于环保事业，早在 20 年前，他就开展了对环境无污染的航海活动，当时他并不知道日后环保会成为一个全球性话题。

堀江谦一驾的是一艘 9.5 米长的波浪动力船，船前端装有两只特殊的"鳍"，每次船随着波浪上下颠簸时，这两只"鳍"就会像海豚尾巴一样摆动。船的两边则漆有"地球伙伴"的标语。

堀江谦一出航后，天公不作美，一连几夜的暴风雨让他几次都差点翻船。更要命的是，带的干粮大都被波浪卷走，唯一的一部卫星电话也因浸水而无法使用。恶劣的天气再加上物资的短缺，将堀江谦一推到了绝境。

堀江谦一清楚地认识到，此时，他已经与外界失去了联系，唯有自救，才能脱离险境。为了节省食物，他不得不将有限的干粮定量使用，每天只定量摄取五千卡路里的食物；只有渴得受不了时，才小心地抿一口水；每天睡眠不足两个小时。在孤独的航行中，他的体重一下子减少了 30 斤。

别人无法理解的旅行，堀江谦一却整整坚持了 110 天。与海啸争分夺秒，和凶狠的鲨鱼斗智斗勇，晚上则和跃向天空的鲤鱼交起了朋友。

在最后一天的航行里，他终于看见了日本德岛、和歌山之间的纪伊海峡。就在他缓慢靠近时，一条潜伏已久的鳄鱼，凶猛地扑了过来。在命悬一线之际，他拿起一把鱼叉，插进了鳄鱼的口中。没有人会想到，在这样的情况下，他还如此镇静，然而堀江谦一做到了，堀江谦一成功地避开了最后一个危险，完成了航行。

堀江谦一，终于成为全球完成此类航行的第一人，回到日本后，他受到了不少人的追捧。有记者问及他此行的感受，他只说了一句话："危机面前，无法依靠任何人，只有自己能帮得了自己。也正因为只能靠自己，你的潜能才会无所保留地被激发出来。"

日常生活中，想象自己每天都处在危机之中，或许你的力量和勇气会更大。

把思绪延伸一厘米

1451 年，他出生于意大利热那亚的一个工人家庭，虽然他的父亲是一个著名的纺织匠，但是他从没有对纺织产生过任何兴趣。每天，他都站在海边望着远方，他想知道，如果自己从这边游过去，对面会不会有更繁华的城市。

他经常会问父亲："我什么时候能到对面去看看？"父亲说："等你长大了，有钱了，买了自己的船，就可以去了。"他沮丧地说："那我什么时候会有钱呢？"父亲蹲下来，严肃地说："孩子，只要你把眼光放远点，财富迟早会来的。"

一次偶然的机会，他从父亲的朋友那儿借来了一本《马可·波罗行纪》，他如获至宝，待在房间里，如饥似渴地读着，一周都没有出门。等读完了，他热血沸腾地对父亲说："我希望能去黄金满地的日本。"那一年，他才 8 岁，他说他的梦想是当一名出色的航海家。

为了实现拥有一条船的梦想，1476 年，他参加了法国的一只海盗船队。后来流浪到葡萄牙，他做了一名水手，开始了他的航海梦想。但是，他并不满足于近海航行，而是把目光投向了更远处。通过申请，他获得了一次去冰岛的机会，到达冰岛之后，他却并没有停止，而是继续向前航行了 160 公里。这次航行的成功更加坚定了他航海的志向，那一年他 26 岁。他坚定地对父亲说："我的目标是横跨大西洋，去彼岸的亚洲。"

当葡萄牙不能满足他的雄心壮志时，他毅然选择来到西班牙，凭着三寸不烂之舌，他硬是说服了所有反对他的人，尽管这个过程相当漫长，花费了他整整八年时间，但他并没有因此意志消沉。他执着地相信，海那边有无穷的财富在等着他。

1492 年 8 月，他带着招募的 88 名水手和 3 艘船出发了。由于这次航行他们做了充足的准备，所有人都信心百倍。但是船在大海上整整航行了三周，都没看见陆地的影子。很多人都犹豫了，抱怨这是一次愚蠢的行动，甚至有人叫嚣："海那边根本没有大陆，他是想把我们带进地狱。"但他根本不理睬，只是执着地坚持一直西行。

坚持了 11 天后，他们终于发现了一个海岛，所有人都尖叫起来。此时的他不再仅是一个探险家，而且他成为了一个新大陆的发现者。是的，他就是蜚声世界的哥伦布。哥伦布发现新大陆，回到西班牙后，他受到了盛情招待。很多人嫉妒他，说不就是带了几艘船，发现了块陆地吗？这事人人都可以做到，没什么了不起。这话传到哥伦布耳里，他只是微微一笑。一天，他带了个自制的地球仪进宫，正好有人对他发泄不满，他把地球仪拿出来说："你看见了什么？"对方傲慢地说："欧洲大陆。"哥伦布指着左边说："这是什么呢？""是大海。""你再想想。"对方毫不犹豫地说："一望无际的大海。"哥伦布稍微转动了一下地球仪，说："不，是大陆。其实地圆说已经是众所皆知的了，可你们不愿去想，也不愿去做。我只是把你们的思绪往前延伸了一厘米，我坚持了，我做了，所以成功了。"

用才华来超越

　　19 年前的一个晚上，在荷兰乌德勒支的一个热爱足球的家庭内召开了一次特殊的家庭会议，他们要决定韦斯利·斯内德今后的去向。韦斯利·斯内德在家中排行老二，却是家里最矮的。然而就是这么一个小不点，却雄心勃勃地想做世界上最伟大的足球运动员。

　　斯内德的家人都说他简直疯了。因为在当时的荷兰，人高马大是选足球运动员最基本的原则。斯内德也曾经去医院检查过，医生说，就算他再怎么锻炼，最高也只能达到一米七，这样的身高，在需要耐力和体能的绿茵场上绝对是一个致命的缺陷。

　　难道真因为这个缺陷，他就无缘于自己喜欢的足球？斯内德感到了深深的困惑。一个周末的早上，他和朋友一起去公园散心，看到了一场精彩的斗鸡比赛。两只公鸡，一只大一只小。就在大家都以为大公鸡必胜无疑时，小公鸡发起了猛烈的攻势，它凭借灵活的身体和坚硬的鸡喙，啄得大公鸡无力招架。

　　"你不觉得这只小公鸡的处境和我很像吗？"回来的路上，斯内德若有所思地对朋友说，"尽管它个子小，但斗鸡不是以个子大小来论输赢的，速度和技术才能决定胜负。足球，不是同样如此吗？"斯内德忽然激动起来，他似乎已经找到了超越缺陷的途径。

那天晚上，斯内德对父亲说："我还是决定去踢足球，尽管因为先天的身体条件，头球会成为我的弱项，但足球是用脚来踢的，我相信我能比任何人都干得出色。"斯内德最终说服了家里所有人，他也顺利成了阿贾克斯青训营中的一员。

因为知道自己的缺陷，斯内德苦练控球和任意球技术。他几乎把所有的时间都用在了踢球上。十年磨一剑，直到 2002 年，斯内德才正式加入阿贾克斯足球俱乐部。因为速度快，控球能力出众，大局观出色，传球视野开阔，还擅长任意球破门得分，他逐步成为队中的中场核心，是主罚短距离任意球的不二人选。在 2008 年欧洲杯上，斯内德再次大放光彩，他带领荷兰队 3 比 0 击败意大利、4 比 1 大胜法国，他也被评为了最佳球员。在 2010 年南非世界杯上，他不仅以优异的表现帮助荷兰队第三次闯入决赛圈，还进五球，稳居射手榜第一名。

经过八年的职业比赛，斯内德用持续的进球说明了他在世界足坛上无可取代的地位。在荷兰某杂志的一次票选活动中，斯内德以 70% 的得票数被球迷评选为当今荷兰足坛最优秀的任意球手。前国际足联主席布拉特这样评价他说："斯内德给我们创造了绿茵场上的又一个经典——用才华超越了缺陷的传奇。"

"卖天空"的欧丽文

这几天，澳大利亚皇家飞行医生服务队的工作人员忙得不亦乐乎，他们每天都要把准备好的一个个标签推到市场上去，每个标签上都注明着一段距离，售价为 50 澳元。如果你认为，这是新创意，恭喜你，答对了。这是在卖距离，而且是在卖天空的距离。

这个创意来自一个叫欧丽文的年轻人，欧丽文是澳大利亚皇家飞行医生服务队的工作人员。一年前的一天，欧丽文和父亲一起来中国，亲眼见证了陈光标卖空气的过程。

"空气也能卖？"欧丽文惊讶极了，但仔细想想，新鲜空气正在成为一种稀有资源，为什么不能卖呢？一位工作人员告诉他："卖空气早年在美国就有了，如今这个年代呼吸新鲜空气也正在成为一种奢侈的生活。"一番话让欧丽文茅塞顿开，有需要就有市场，陈光标可以卖空气，我为啥就不能卖天空呢。

回到澳大利亚后，他立马把这个想法告诉了家人，父亲被他这天马行空的想法吓到了，劝说他踏踏实实工作，不要想这些歪门邪道的事情了。父亲甚至说："陈光标是名人，炒作也可以有市场，你算个啥。"但是欧丽文还是坚定自己的想法。

欧丽文做了调查，澳大利亚皇家飞行医生服务队每周飞行的航程达到一千平方公里，如果以每平方公里为单位，就可以募集一笔资金，可以解决当前经费紧张的困局。

当欧丽文把这个创意说给一些赞助商时，不少人都表现了浓厚的兴趣。有了客户的支持，欧丽文更有了底气，他立即写了一篇长长的申请，不出意料，申请很快得到了管理层的批准。

2013 年 10 月，澳大利亚皇家飞行医生服务队正式启动了"卖天空"的活动，捐款者只需捐助 50 澳元，就能以自己的名字为服务队航线上一公里的天空命名。

卖天空的创意推出后，澳大利亚人惊喜极了，热购的场面也引起了媒体的兴趣，记者纷纷前来报道。不出三天，一千平方公里的命名权便被销售出了大部分。剩下的产品，价格暴涨了三倍。

"卖天空"的活动也让欧丽文名声大噪，凭借这个创意，澳大利亚皇家飞行医生服务队不仅募集到了当年的活动经费，他们还打算用剩下的善款捐建两所华人学校。

澳大利亚和英国著名的媒体都这样评价欧丽文："他创造了迄今为止最有创意也最成功的慈善活动。"